膜下滴灌典型棉田土壤水盐迁移规律与数值模拟研究

由国栋 著

黄河水利出版社

·郑 州·

内 容 提 要

本书共分为 8 章,主要探讨了典型膜下滴灌棉田生育期和非生育期土壤盐分的变化趋势及其规律;研究秋浇条件下膜下滴灌棉田土壤水盐分布特征;对现行膜下滴灌棉田的田间排盐技术进行研究,利用种植试验和 HYDRUS-2D 模型模拟相结合的方式进行观测、分析和研究滴灌棉田膜间排盐技术。

本书可作为农业水土工程专业的大学生参考资料,也可供有关科研和工程技术人员参考。

图书在版编目(CIP)数据

膜下滴灌典型棉田土壤水盐迁移规律与数值模拟研究/由国栋著. —郑州:黄河水利出版社,2022.5
ISBN 978-7-5509-3282-1

Ⅰ.①膜… Ⅱ.①由… Ⅲ.①棉花-地膜栽培-滴灌-土壤盐渍度-研究 Ⅳ.①S562.071

中国版本图书馆 CIP 数据核字(2022)第 077623 号

策划编辑:杨雯惠 电话:0371-66020903 E-mail:yangwenhui923@163.com

出 版 社:黄河水利出版社　　　　　　　　　　　　网址:www.yrcp.com
　　　　　地址:河南省郑州市顺河路黄委会综合楼 14 层　　邮政编码:450003
发行单位:黄河水利出版社
　　　　　发行部电话:0371-66026940、66020550、66028024、66022620(传真)
　　　　　E-mail:hhslcbs@126.com
承印单位:广东虎彩云印刷有限公司
开本:787 mm×1 092 mm　1/16
印张:8.5
字数:148 千字
版次:2022 年 5 月第 1 版　　　　　　　印次:2022 年 5 月第 1 次印刷

定价:43.00 元

前　言

　　新疆地处我国西北地区,干旱少雨、蒸发量大、盐渍土壤分布广,水资源紧缺,属于典型的绿洲灌溉农业。膜下滴灌技术因节水效果显著而在新疆得到大面积应用,然而膜下滴灌棉田只是调控了土壤盐分在耕作层的分布特征,盐分并没有被排出土壤,膜下滴灌棉田土壤盐分累积规律和分布状态将影响膜下滴灌技术及其发展方向。已有科研成果对于土壤水盐的分析和调控都具有良好的指导作用,由于膜下滴灌棉田土壤水盐运移的复杂性、影响条件的多样性及外界环境的多变性,需要加强对膜下滴灌棉田土壤水盐运移规律研究。为分析多年膜下滴灌棉田土壤水盐的分布和变化特征,以 2011~2016 年新疆生产建设兵团农八师一二一团连续监测 6 年的土壤水盐变化数据为基础,研究膜下滴灌棉田生育期和非生育期土壤盐分的变化趋势及其规律;研究秋浇条件下膜下滴灌棉田土壤水盐分布特征;对现行的膜下滴灌棉田田间排盐技术进行研究,利用种植试验和 HYDRUS-2D 模型模拟相结合的方式进行观测、分析和研究滴灌棉田膜间排盐技术。

　　本书主要包括绪论、试验概况与方法、膜下滴灌典型棉田生育期土壤水盐变化特征、膜下滴灌典型棉田非生育期土壤水盐变化规律、秋浇条件下膜下滴灌典型棉田土壤水盐运移特征、膜下滴灌棉田排盐沟试验研究、膜下滴灌棉田排盐技术数值模拟、结论与展望等内容。

　　本书紧密联系实际,不仅对新疆土壤水盐运移研究具有实践作用,也对我国其他地区土壤水盐运移研究具有较高的指导作用。在研究过程中,得到新疆农业大学水利与土木工程学院老师们的指导,在此表示感谢!

　　由于作者水平有限,文中可能存在不足之处,敬请广大读者指正。

作　者

2022 年 2 月

目 录

第 1 章 绪 论

1.1 研究目的和意义

水资源在国民经济和社会发展中具有举足轻重的地位,土地资源是我们赖以生存的基础。新疆地区总面积 166.49×10^4 km^2,年均水资源总量为 922×10^8 m^3,多年平均降水量为 154.5 mm,相当于全国年均降水量的 23%,属于典型的干旱区绿洲型农业。由于气候和自然环境因素的影响,土壤盐渍化是威胁干旱地区农业发展的一个重要因素之一。在中国,盐渍土壤分布范围大,面积为 36×10^6 hm^2,广泛分布在中国东北、西北及沿海区,其中 1.7568×10^6 hm^2 是农田盐渍土壤。在我国,70%的盐渍化土壤[1]分布在内蒙古、新疆以及陕西、甘肃、宁夏、青海六省(区)。新疆维吾尔自治区农田土壤中有 30.2%的耕地为盐渍土壤,其中 80%的盐渍化土壤是农田土壤次生盐渍化[2]所造成的。新疆是国内盐碱地面积最大的地区,为了能够保障新疆农业生态的可持续发展,实施和发展高效节水灌溉型农业势在必行。在这种情况下,新疆许多地区实施了多种形式的节水灌溉型农业,膜下滴灌技术正是在此情况下得到推广和应用的。膜下滴灌因其自身的技术优势能够较好地缓解新疆地区水资源的供需矛盾和促进农业生产得到迅速发展。新疆石河子市在 1996 年首先引进此技术应用,目前新疆维吾尔自治区应用膜下滴灌技术的农田耕作面积已超过 2×10^6 hm^2,且已发展成为大田应用膜下滴灌技术面积最大的地区[3]。

膜下滴灌技术在新疆的大面积推广和应用产生了巨大的经济效益与社会效益,同时给干旱区农田土壤带来一定的负面作用。在传统大田地面灌溉条件下,灌溉用水量大,土壤盐分能够随水分运移而向土壤深层迁移;采用膜下滴灌技术后,农田土壤的水盐运移和分布产生新的变化,土壤覆膜后具有增温、保水和抑盐的作用,这对农作物的生长非常有利。但是滴灌灌溉水量小,土壤湿润区主要在作物根区范围,土壤盐分没有得到充分洗淋,在强烈蒸发作用下土壤盐分随着水分蒸发向表层迁移并逐年产生累积,容易导致土壤出现次生盐碱化。新疆地区干旱少雨、土壤中水分蒸发强烈,土壤自身淋洗和脱盐能力弱,造成膜下滴灌棉田土壤积盐,导致大面积盐碱化[4]。近年来,一些学者的研究成果表明,膜下滴灌棉田的土壤盐分累积现象,随着滴灌棉田耕种年限的延长呈逐年增加的趋势。由于膜下滴灌土壤湿润体界面的特殊性,土壤在水盐运移规律及分布变化特点等方面与传统地面灌溉方式有着明显的不同。国内外许多学者利用室内试验和大田试验,研究了不同滴头流量、覆盖方式、灌溉制度、滴灌年限、土壤质地、蒸发影响等对作物生长、土壤水盐运移规律和土壤盐分累积特征的影响[5-10]。开展膜下滴灌棉田土壤水盐运移的规律及其分布特征研究,对合理利用水资源、调控棉花灌溉水量、防止干旱区土壤次生盐渍化具有重要的实践作用和指导意义。

在我国 30°N 以北地区普遍存在不同程度的季节性冻土区,北疆地区季节性冻融期时间长达 5 个月左右。在冻融期的冻结阶段土壤水分向冻结层聚集。在消融期,由于气温升高较快、气候干燥、蒸发量大,盐随水动,水分蒸发后盐分留在土壤中,引起盐分在土壤中再分布,容易诱发土壤次生盐渍化,浅层土壤的盐分聚集威胁着棉花幼苗的生长和发育,严重时甚至导致棉花大面积减产。因此,研究土壤在冻融期的水盐分布与变化规律,合理利用冬季土壤水分、减少次生盐碱化程度、防范土壤春季返盐是一个亟待解决的难题。

综上所述,土壤中盐分的变化性强,膜下滴灌条件下土壤盐分的分布规律复杂,需要进行长期的、大量的监测试验,获得更为精确的土壤水盐数据,由于受到人力资源、环境条件和经济条件的制约,以往研究中对膜下滴灌土壤水盐运移规律全面的、长期的、综合的研究比较少,加之影响膜下滴灌土壤盐分变化因素多,盐分运移规律复杂,这需要进一步探索和实践,因此膜下滴灌棉田土壤水盐运移规律及其分布特征的研究是一个长期的科学研究课题。本书选取北疆地区石河子市一二一团膜下滴灌棉田作为试验研究基地。该试验区自1996 年开始应用棉田膜下滴灌技术进行种植,是北疆地区最早在棉田实行膜下滴灌技术的地区,至今已连续应用 26 年;对该试验区连续 6 年的试验监测数据进行分析,采用室内外试验相结合及数值模拟技术等方式来研究多年膜下滴灌棉田生育期土壤水盐分布规律,在非生育期土壤水盐迁移特征,分析耕作多年棉田的土壤水盐在生育期不同时间的变化特征,探讨膜下滴灌棉田土壤盐分的调控和排盐技术,建立适宜的数值模型,通过模拟和分析结果研究土壤水盐的运移规律,为合理利用膜下滴灌技术和防治土壤次生盐渍化提供理论依据。本书研究成果不仅对进一步完善膜下滴灌棉田土壤水盐运移规律及防治土壤次生盐渍化具有重要的科学意义,同时为干旱地区土壤资源的可持续利用提供技术支撑,保障新疆地区棉花稳产、增产。

1.2 国内外研究现状

1.2.1 膜下滴灌技术的发展

膜下滴灌是将滴灌灌溉和覆膜技术相结合而产生的一种新的节水灌溉技术。该技术自产生以来发展迅速,已成为干旱半干旱区农田节水的重要灌溉技术。1913 年美国科学家 House 首先研究和发展滴灌技术在农田的应用试验;20 世纪 60 年代初期,以色列应用滴灌技术进行农田种植的作物[11]生产实践;80 年代初以色列、美国和澳大利亚等发达国家开始将该技术应用在农田的灌溉棉花[12]。1974 年我国从墨西哥引进滴灌技术后逐渐在生产实践中进行应用,膜下滴灌的技术优势明显,具有优质高产[13]、节水[14-16]、抑盐[17]、减少土壤水分的深层渗漏[18]、农田耕作自动化程度高[19]、综合效益好[20]等特点,20 世纪 80 年代后在我国开始了该技术大面积的推广和应用工作。自 1996 年以来,膜下滴灌技术开始在新疆地区推广和应用,极大地缓解了当地水资源的供需矛盾,获得了良好的社会效益与经济效益。膜下滴灌技术由于其优异的节水性能、高度适应新疆的自然气候条件而迅速发展,截至目前,新疆地区应用膜下滴灌技术灌溉农田的总面积约 2×10^6 hm$^{2[3]}$,许多机构和学者针对膜下滴灌技术的应用进行了大量的研究,在土壤水分动态、水盐运移规律等领域取得了许多成果,进一步推动新疆农业向现代化农业转变的进展。

1.2.2 滴灌土壤水盐运移的研究

随着滴灌技术的推广和应用,国内外许多科研机构和学者对滴灌条件下土壤水盐运移和分布规律进行了大量的研究与探索。在滴灌条件下的土壤水分入渗规律变化、土壤湿润锋的分布特征、土壤水盐运移变化规律等都是研究所关注的课题。

19 世纪 60 年代法国科学家达西(Darcy)在对饱和状态土壤水分渗透大量试验基础上,发现了饱和土壤水流的达西定律,即土壤水分入渗速率与水力梯度成正比[21]。自然界中许多情况下土壤水分运动状态是非饱和运动,1931 年科学家 Richards 应用达西定律研究在非饱和条件下土壤水分的运动规律,得到了土壤水分在非饱和状态下运动的达西定律。滴灌条件下土壤水分运动应用达西定律和质量守恒定律,得出滴灌条件下非饱和土壤水分运动基本方程;利用基本方程分析实际应用时需要综合考虑土壤质地结构、地表积水条件、地下水位状况、初始条件及边界条件等因素的影响。

Ben Asher J 等[22]在不考虑重力作用影响下假设点源入渗土壤湿润体呈半球形,提出了等效半球模型,在设定灌水量小于土壤入渗率前提下,综合考虑作物根系吸水和蒸发影响而提出了滴灌土壤湿润锋的表达式。Or D 等[23]提出了土壤湿润锋在滴灌条件下的二维解析数学方法。这些研究显示滴灌土壤水分运移状态表现为以滴头为中心,水分在土壤中沿水平方向和剖面方向同时发生运动,呈现出球形分布的土壤水分运移和分布特点。水分运移使得作物根区土壤保持在一定湿润状态,这对于作物生长是极为有利的。国内学者吕殿青等[24-25]研究认为在土壤质地一定的条件下,滴灌土壤表面形成的积水区面积与滴头流量之间表现出幂函数关系。贾瑞亮等[26]利用土柱试验研究土壤潜水蒸发与土壤盐分的关系,认为高盐度土壤在水分蒸发时,水位越浅则相同土层的土壤盐分越高。汪志荣等[27]在对点源入渗条件下土壤水分运动规律试验进行研究后认为作物株距与根系深度的比值一般小于 1.0,土壤湿润比小于 1.0 比较合适。李明思等[28]研究发现膜下滴灌状态下的土壤湿润区要大于无覆膜滴灌的土壤湿润区,土壤水分利用效率大于无覆膜滴灌。

土壤中水分是土壤盐分迁移的载体和媒介物,在膜下滴灌中,土壤盐分随水分的入渗呈现出在三维方向发生运移。土壤盐分运移主要包括两个过程:在灌溉过程中,随着土壤水分的扩散而带动土壤盐分不断地向湿润体四周迁移,这是土壤盐分的冲洗阶段;积盐过程,停止灌水后,受蒸腾作用的影响,水分蒸发带动土壤盐分不断向上迁移,水分蒸发后,盐分滞留在土壤中,这是积盐阶段。一般情况下,在外界大气蒸发作用的影响下,土壤中盐分随水分的蒸发而表现为向土壤表层迁移的过程。West 等[29]研究发现在降低盐渍化土壤作物根区含盐量需要应用较大水量滴灌以洗淋土壤盐分。Alem[30]试验研究发现,在相同灌溉水量的条件下土壤盐分采用小流量持续滴灌时在土壤中的运移距离与应用大流量灌溉时土壤盐分的运移距离相同,土壤中盐分运移速率与滴头流量大小呈相关关系。Mmolawak 等[31]采用数值模拟和试验研究滴灌作物根区土壤盐分,发现土壤中盐分随着土壤水分以对流作为其主要的运移形式,在湿润体界面附近土壤盐分形成聚积,土壤含盐量的变化与土壤含水率变化相近。王全九等[32]提出淋洗盐分所消耗水的有效性称为淋洗水效率，是指在作物主根系土体中单位水所挟带土壤盐分到作物主根系外的土体中的数量。李毅等[33]研究了滴灌入渗状态下土壤三维水盐运移和变化规律。Akbar Ali Khaam[34]利用重量分析法对田间点源入渗过程中土壤水盐运移规律进行试验，研究得出在不同灌水量、滴头流量和灌水频率等条件下土壤盐分的分布特征；谭军利等[35]研究了盐碱土覆膜滴灌时不同种植年限土壤盐离与种植时间的分布特征。综上所述，膜下滴灌棉田土壤水盐运移规律、时间、空间分布变化等都与传统灌溉方式明显不同。土壤覆膜隔断了土壤和大气之间的连通，土壤水分的蒸发损失得到降低，膜下滴灌棉田土壤含水率保持在较高状态，同时也减轻了土壤盐分的向上迁移。滴灌使得土壤水分在滴头附近形成球形湿润体，土壤盐分在水分作用下向湿润锋界面运移，与传统地面灌溉相比，滴灌棉田土壤盐分运移变化规律更加复杂。

1.2.3 非生育期土壤水盐的运移研究

盐随水走，这是盐分在土壤中迁移的主要形式，冻融期土壤水盐与温度相互作用关系复杂，土壤温度差异将导致水分的状态发生变化，土壤水分的变化引起地温的变化，水分的运动带动土壤盐分的迁移。Goodrich[36]对冻融期积雪与土壤之间的能量交换研究发现，地表土壤热状况随着积雪密度和土壤特性的变化而发生变化。Konrad 等[37]对影响土壤温度变化的因素研究发现，土壤水分对土壤热状况的影响在某些条件下大于外界大气温度对土壤热状况的影响。Konrad 对冻土层土壤水分与温度变化的关系进行了研究，发现土壤水分迁移量与土壤冻结带边缘的温度梯度成正比[38]。SHAO Xiao-Hou 等[39]利用对试验土壤样品的统计，得出土壤水分参数曲线与土壤容重、孔隙度的关系。张一平等[40]研究温度对土水势的影响时发现，随着土壤含水率的增加，土水势温度效应逐渐减弱。罗金明等[41]利用野外定位观测与室内试验相结合，研究了冻融期苏打盐渍土的热力构型及其对土壤水盐变化的影响，发现土体的热力梯度是土壤水盐运移的诱导因素和驱动力。张富仓等[42]对不同土壤水势温度作用进行研究，在土壤水分一定的条件下，温度增加则土水势增加，土壤质地与结构等因素影响土水势的温度作用。

在我国大约有 54%的面积位于季节性冻土区[43]。北疆地区冻融期一般从 11 月至次年 3 月，长达 5 个月，土壤冻融过程中，土壤盐分分布在垂直剖面上发生新的变化，加之春天气候干燥、蒸发量大，土壤盐分在表层产生累积；影响农田作物的发育和生长,国外一些学者研究土壤冻融期融雪水的入渗[44-47]。张殿发等[48-49]发现冻融期土壤盐分迁移受土壤中多种因素影响,地温变化是土壤水分与盐分迁移的驱动力。王璐璐等[50]、陈晓飞等[51]研究土壤中不同类型作物营养物质对不同土壤冻融的影响,利用 NMR 法对加入 5 种不同溶质的 4 种土壤的冻融特殊曲线进行了测定与分析,Getachew 等[52]通过对亚伯塔草原地区冻融期土壤水分观测,利用模型预测消融期土壤水分变化趋势。Bing 等[53]通过试验发现,冻融期温度变化是影响土壤水盐运移的主要因素。

Nakano 等[54]利用试验观测了在恒定 -1 ℃条件下冻结层土壤水分扩散率,发现对于相同土质的土壤,其水分扩散率为 6~6.5 ℃时的 $1/4 \sim 1/2$,对于不同土质的土壤,水分扩散率与温度的函数关系不同。李瑞平等[55-56]利用程序模拟土壤冻融期水分与温度变化的关系;在设定土壤初始水分的条件下,得出土壤冻融期水热之间的变化规律。樊贵盛等[57]利用季节性冻融期室外土壤入渗试验观测得出,在土壤相同质地的条件下,土壤水分、土壤类型、冻结深度、冻层位置是影响水分在土壤中入渗的主要因素。薛明霞[58]分析了不同地表条件下季节性冻融土壤的冻融特征,通过对裸地、地膜覆盖、秸秆覆盖的研究发现,得出裸地条件下土壤冻结强度最大。王子龙等[59]通过对冻融期土壤水分观测,应用地统计学理论分析发现,冻融使得土壤剖面方向水分的空间相关性变弱,造成土壤水分具有强烈的空间分布。冻融期土壤水热盐运移复杂,冻融造成土壤水盐的重新分布且容易诱发春季浅层土壤积盐,需要加强对自然条件下冻融土壤的研究,在田间试验的基础上分析土壤水盐运移规律和特征。

1.2.4　土壤水盐在空间的分布研究

在对土壤研究的过程中发现土壤是复杂的空间实体,土壤在空间上的分布是多层次的复杂体。20 世纪 70 年代,欧美许多学者对土壤空间分布特性进行了研究。由于在空间上土壤性质分布的差异性,与土壤有关的特性在空间分布上出现较强的变异性。为了分析土壤水盐运移变化及其分布特征,国外一些学者应用地统计学对土壤的空间变异性进行了研究[60-67]。20 世纪 80 年代以后,我国学者才逐渐认识到土壤空间分布研究的重要性和实践性,并先后应用在土壤地质调查和土壤水分变异等方面的研究[68-69]。

许多国内外研究人员利用空间变异理论对土壤水盐变化进行了大量的研

究,将区域化变量理论和 Kriging 计算方法引入土壤科学的研究。
A. Bostani 等[70]为研究土壤理化性质变化,用空间克里格法对农田土壤的盐分、pH 值、有机物等属性进行空间分布的预测。Panagopoulos 等[71]将空间插值分析与 GIS 技术相结合,研究了海边土壤盐分空间变异性。Weidorf 等[72]应用半方差理论研究了火山附近土壤,得出表层土壤盐分分布特征。姚江荣等[73]研究了黄河口附近土壤盐分空间分布,发现土壤的地下水位变化与土壤盐分的概率分布具有在空间上的规律性与相似性。周在明等[74]在环渤海地区平原进行了地下水位与土壤水盐之间的空间分布研究,并运用协同克里格法进行了估值分析。王云强等[75]针对黄土高原地区土壤水分变化,用经典统计学和地统计学研究水分分布规律、影响因素及土壤水分空间分布特征。尤文忠等[76]研究雨后丘陵地带的林草连接区的土壤含水率变化。吴亚坤等[77]应用土壤电导仪研究半干旱区光谱指数与土壤盐分的空间变异性,发现研究区各层土壤盐分属于中等变异程度。陈丽娟等[78]研究了民勤绿洲盐渍化的成因,发现非盐渍化土壤占区域总耕地面积的 50.01%,认为气候干旱少雨、初始土壤含盐量高、地下水矿化度高、水资源利用方式不合理是土壤盐渍化的主要影响因素。李小昱等[79]利用分形理论研究了土壤含水率及土壤坚实度的分形特征,应用分形特征和分形维数表示一定条件下土壤在空间上的不均一程度。祖皮艳木·买买提等[80]研究了于田绿洲盐渍土及 0~100 cm 深度内的土壤盐分空间分布变化,发现在 30~50 cm、70~100 cm 土壤盐分属于中等变异程度,其余的土壤盐分属于强变异程度。计算机科学推动地统计理论与 GIS 技术进一步联系,土壤物质成分在大面积的空间特性研究也变得更加成熟。

1.2.5　土壤水盐运移模型模拟的研究

在滴灌棉田中研究大田水盐迁移规律的田间试验观测技术普遍具有周期长、成本高、受外界环境影响因素大、时空条件变化等因素的限制。采用模型模拟具有成本低、时间短、初始条件和边界条件设置灵活等特点,同时还能够预测未来的变化趋势,模型模拟与田间观测互相补充、互相验证,促进研究更加迅速的发展。

20 世纪 60 年代后,由于计算机科学的发展,国内外学者对水盐运移模型进行了大量的数值模拟与研究。目前,应用最为广泛的模拟软件是 HYDRUS模型[81-82]。自 2000 年 HYDRUS 模型引进我国以来,在农业、水利、环境等领域得到了广泛应用,目前模型版本已由最初的 HYDRUS-1D 模型发展到 HYDRUS-3D 模型。李韵珠等[83]对在浅层土壤中含有黏土层的土壤水分和 Cl⁻在地下水蒸发条件下的运移规律运用 HYDRUS 模型进行数值模拟研究。陈丽娟等[84]对明沟排水条件下土壤洗盐过程中水盐运移规律进行研究,利用 HYDRUS 模型模拟不同土壤盐分条件下在 0.5 倍沟距处的明沟排水洗盐模式。王维娟等[85]研究了不同滴头间距对土壤点源交汇湿润锋的影响, HYDRUS-3D 模拟结果显示滴头间距与土壤湿润锋交汇的时间之间为指数关系,滴头间距与湿润锋运移速度之间为幂函数关系。Kandelous 等[86]利用 HYDRUS-3D 模型研究了地下滴灌交汇条件下的水分运移规律。孙建书等[87]利用 HYDRUS-1D 对宁夏银北灌区在不同灌排模式条件下土壤水盐运移规律进行了研究。余根坚等[88]利用非饱和土壤水盐运移的理论,应用 HYDRUS-1D/2D 对内蒙古河套灌区不同灌水模式下的水盐运移进行研究,发现沟灌技术可以有效调控土壤中盐分的聚积,结果可以作为河套灌区土壤水盐调控的依据。李亮等[89]利用 HYDRUS-2D 模型在作物的生育期对耕地与荒地土壤水盐运移规律进行了研究,发现在蒸发条件下土壤盐分逐渐向表层积聚,模拟了土壤盐分积聚和水分运移规律。马海燕等[90]对膜孔沟灌试验应用 HYDRUS-3D 模拟土壤水盐分布特征,结果表明采用 HYDRUS-3D 模型模拟膜孔沟灌入渗过程的可靠性较高。

1.2.6　膜下滴灌土壤盐分的排盐技术研究

在过去的几十年中,膜下滴灌技术的广泛应用,缓解了水资源供需矛盾,促进了农业生产。然而随着膜下滴灌技术应用年限的延长,也发现膜下滴灌带来的一些问题,主要包括三个方面:运行管理、田间残膜回收、土壤盐分的不断累积。前两个问题已得到比较好的解决,第三个问题是比较突出的问题。主要由于干旱区降水少、蒸发强烈,耕种活动逐年进行,土壤中盐分逐渐累积。因此,加强干旱区土壤水盐变化规律和盐分累积的研究,防止发生土壤次生盐渍化,对干旱区农业生产具有非常重要的意义。目前,国内外许多学者对干旱区土壤水分和盐分的变化进行了大量研究。Ladenburger 等[91]对美国怀俄明州盐渍化土壤特性的研究表明,土壤盐分积累主要发生在表层土壤中。弋鹏飞等[92]通过试验得出随着膜下滴灌棉田应用年限越长,土壤盐分累积呈逐渐增多现象。王振华等[93]研究北疆滴灌棉田耕作年限、棉花产量、盐分变化之间的关系,发现土壤盐分随滴灌年限的增加而增加,连续耕种 8 年以上的滴灌棉田棉花产量有下降趋势。牟洪臣等[94]研究认为应用膜下滴灌技术在使用初期能够使土壤含盐量逐渐下降,但是连续应用 9 年以后,膜下滴灌棉田中土壤盐分又呈逐渐增加趋势。同类研究还认为滴灌棉田膜间 0~40 cm 土壤在花生育期内土壤盐分产生强烈聚积[95]。谷海斌等[96]研究了石河子灌区和玛纳斯灌区的土壤盐渍化程度的分布状况,得出了 2 个灌区土壤盐渍化程度存在逐步增加的趋势,普遍存在盐渍化的威胁。杨鹏年等[97]对南疆膜下滴灌土壤积盐特征进行研究,发现膜下滴灌棉田经过一个生育周期后,在膜下滴灌棉田积盐区土壤盐分含量增加到初始值的 1 倍,这对干旱区膜下滴灌棉田冬灌的实施具有实践指导作用。张伟等[98]对连续耕种 7 年的膜下滴灌棉田土壤盐分连续观测,发现连续耕种的滴灌棉田地块土壤盐分随着滴灌年限的延长呈现逐渐增加的变化趋势。

通过对膜下滴灌棉田长期耕种土壤水盐迁移规律的研究发现,土壤盐分随着应用年限的增加而增加。鉴于此种情况,许多学者对排盐技术进行研究,认为灌排技术是盐碱地改良的主要措施之一[99-101]。王洪义等[102]通过对大庆地区苏打盐碱地应用暗管排盐技术研究,发现暗管之间间距在 5 m、暗管地下埋深 0.8 m 时,排盐效果较好。苟宇波等[103]通过宁夏地区应用暗沟排盐技术研究,得出暗沟之间排盐间距在 9 m 时效果较好。李从娟等[104]认为暗管排水条件下盐渍化土壤盐分主要受气候、土壤性质、地下水埋深等因素的影响,而且地形地貌也对土壤盐分在空间分布特征产生影响。这些研究成果对解决新疆地区膜下滴灌棉田土壤次生盐渍化提供了很好的解决启示。周和平等[105]通过对新疆膜下滴灌棉田的研究,提出"土壤水盐定向迁移"理论,认为干旱少雨、蒸发强烈气候条件使膜下滴灌棉田土壤水盐在蒸发作用下向膜间迁移。这种排盐模式改变了传统的盐碱地改良的条件限制,给干旱区膜下滴灌棉田排盐技术提供了新的思路。膜下滴灌技术是新疆地区农业发展的重要保障措施,解决了土壤盐分累积问题,对于保障新疆地区农业、经济和社会的发展具有十分重要的意义。

1.3　研究内容与技术路线

1.3.1　研究内容

选择具有代表性的新疆石河子市一二一团作为长期膜下滴灌棉田土壤水

盐运移的研究试验对象,应用田间试验、室内试验、收集资料、模型模拟等方法,研究土壤水盐迁移规律,为膜下滴灌棉田预防和治理土壤次生盐渍化提供理论支持。

主要研究内容如下:

(1)生育期膜下滴灌棉田土壤水盐分布特征的研究。

通过室外田间试验,对不同年限膜下滴灌棉田试验数据分析和研究不同盐渍化程度土壤水盐分布特征,耕作层根区土壤盐分的累积规律;膜下滴灌棉田土壤水盐分布特征与灌溉、地下水位的关系;滴灌棉田土壤水盐空间分布的变化规律。

(2)非生育期膜下滴灌棉田土壤水盐运移变化规律。

利用冻融期大田试验,研究膜下滴灌棉田冻融期土壤水热盐的分布规律、不同盐渍化土壤冻融过程盐分分布的特征,非生育期滴灌棉田土壤盐分空间分布变化规律。

(3)秋浇条件下膜下滴灌棉田土壤水盐运移的研究。

研究利用秋浇技术对土壤盐分进行调控,分析秋浇 20 d 后土壤水盐分布规律、秋浇后次年苗期土壤水盐变化特征。

(4)膜下滴灌棉田膜间排盐技术研究。

针对膜下滴灌棉田土壤盐分累积问题,利用种植试验在膜间土壤设置排盐沟,研究不同深度膜间排盐沟土壤盐分运移规律。

(5)膜下滴灌棉田膜间排盐技术的数值模拟研究。

运用 HYDRUS-2D 模型,建立膜间土壤排盐模型,模拟不同深度排盐沟的盐分分布,利用试验数据和模拟值进行验证对比,为膜下滴灌棉田排盐沟技术深入开展提供新的思路。

1.3.2　技术路线

膜下滴灌技术在新疆的大面积应用已经 26 年,选择具有代表性的新疆一二一团作为膜下滴灌棉田土壤水盐运移的研究对象,利用田间土壤盐分长期定点观测试验、室内试验与分析、收集资料、模型模拟等方法,研究棉田在多年耕种条件下土壤水盐迁移规律及土壤盐分的调控与排盐技术。技术路线如图 1-1 所示。

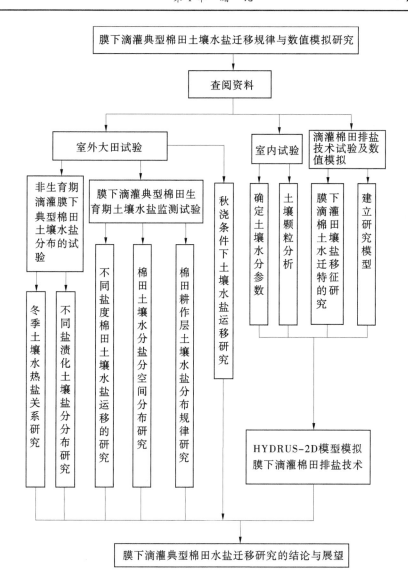

图 1-1　技术路线

第 2 章 试验概况与方法

2.1 研究区概况

2.1.1 研究区位置

膜下滴灌典型棉田土壤水盐运移研究区位于天山北麓的新疆生产建设兵团农八师一二一团。该团北靠准噶尔盆地,东至玛纳斯河,西到巴音沟河,地理坐标为东经 85°01′~86°32′,北纬 43°27′~45°21′。试验点位于一二一团八连,一二一团总面积约 704 km²,海拔 337 m,属于玛纳斯河灌区的下野地灌区,土壤土质主要包括壤质、沙质、黏质 3 种土质类型,壤质是主要的土质类型。试验区属于干旱区温带大陆性气候,具有干旱少雨、蒸发强烈的特点。多年平均蒸发量 1 826 mm,年均降水量 142 mm,年均气温 6.2 ℃,年均无霜期长达 163 d,年均日照数长达 2 860 h,夏季极端高温为 43 ℃。棉花是试验区内农业主要种植作物,一二一团在北疆地区最早应用膜下滴灌技术进行棉花种植,目前,棉田膜下滴灌技术在一二一团已经普及。

2.1.2 典型棉田概况

新疆地处我国西北干旱区,是我国优质棉主要生产区。根据 2016 年《中国统计年鉴》和《新疆统计年鉴》数据,2015 年新疆地区农业耕地总面积 5.19×10⁶ hm²,其中有效灌溉面积为 4.95×10⁶ hm²,棉田面积达 2.27×10⁶ hm²,2015 年棉花总产量达 350.3×10⁴ t,新疆棉花产量占全国产量的 62.52%,成为我国棉花的主要生产地区。水资源短缺是制约新疆地区农业生产的一个重要因素,膜下滴灌技术节水效果显著,有效提高农田土壤水分利用效率,在新疆得到迅速发展。试验区一二一团位于班尔古通沙漠边缘,属于典型绿洲灌区农业,该团自 1996 年开始引进膜下滴灌技术进行大田应用试验,该技术将覆膜、灌溉、施肥三项技术有机地结合在一起,具有节水增产、保温、淋洗抑盐、减少渗漏、便于机械化施工的特点,膜下滴灌技术对新疆地区农业具有广泛的适应性,极大地促进了新疆地区农业生产技术的发展。经过 26 年的发展,新疆地区膜下滴灌棉田耕种面积已从最初的 1.67 hm²,发展到现在的近 2×10⁶

hm²,目前,新疆已成为全球大田膜下滴灌技术应用面积最大的地区[3]。

一二一团可耕地面积 0.05×10⁶ hm²,棉花是当地农业的主要经济作物,膜下滴灌技术在该团应用已经有 20 多年,一二一团各种植户已能够熟练运用膜下滴灌技术。该团属于典型的绿洲型农业,区内土壤盐渍化程度较高,膜下滴灌技术长期应用对土壤盐分累积的状况、不同盐渍化程度的土壤盐分变化分布特征、大田状态下膜下滴灌棉田土壤盐分变化规律及盐分调控效果等的研究,这些都需要进行较长期的科学研究与实践,本书主要数据时间为 2011～2016 年,先后依托新疆自治区课题"绿洲灌区节水安全关键技术研究与示范(项目编号 201130103-3)"和国家自然科学基金"大规模高效节水对滴灌棉田土壤盐渍化的影响研究(项目编号 51469033)",选取一二一团八连作为课题试验研究基地实行膜下滴灌棉田种植技术,试验区棉田面积 25.25 hm²,土壤类型和质地基本一致,统一采用膜下滴灌技术,棉花品种、灌溉、施肥制度、种植时间基本一致。现行膜下滴灌棉田灌溉时间为 4 月下旬、5 月中旬、6 月中旬、6 月下旬、7 月上旬、7 月中旬、7 月下旬、8 月中旬、8 月下旬共计 9 次灌溉,灌溉用水主要依赖水库水源。该区地下水埋深在 2.5～4.0 m,生育期灌溉使地下水位较高。

2.1.3 研究区气候

2011～2016 年一二一团试验区主要气温数据如图 2-1 所示,研究区 6 年气温变化基本变化情况近似,春季 4～5 月气温逐渐升高,6～8 月气温保持在较高水平,9～10 月气温开始逐渐下降,11 月气温逐渐降到 0 ℃以下,土壤开始逐步进入冻融期。

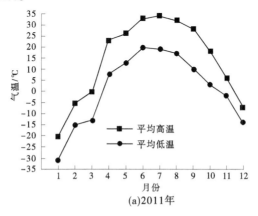

(a)2011年

图 2-1 试验区 2011～2016 年气温

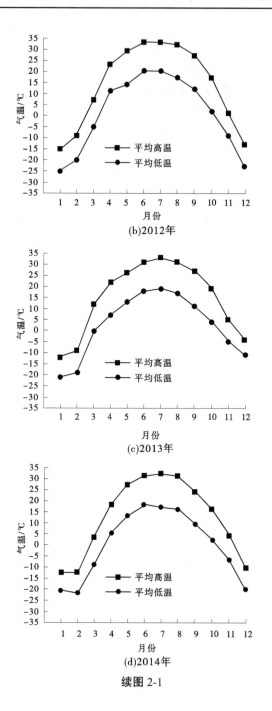

(b)2012年

(c)2013年

(d)2014年

续图 2-1

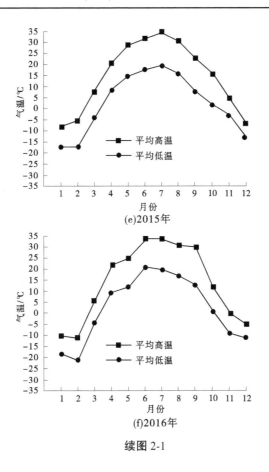

(e)2015年

(f)2016年

续图 2-1

2.2　试验方案与设计

2.2.1　膜下滴灌典型棉田生育期土壤水盐测定

土壤盐分的运移方式依赖于土壤水分的运移和水动力弥散运动,土壤中盐分运移的主要形式是对流运动。传统地面灌溉条件下,水分在重力作用下向土壤深层流动,土壤盐分被水分挟带至地下水中,随着土壤水分运动而排走。膜下滴灌状态下土壤呈非饱和状态,湿润体呈现以滴头为中心的球形,盐分在湿润界面聚积。地表的蒸发、地膜覆盖、冻融循环也引起土壤盐分布发生变化。一二一团膜下滴灌棉田已经应用 20 多年,选取一二一团八连作为试验基地,该试验基地自 2008 年开始连续进行土壤水分、盐分观测,根据观测数据研究滴灌棉田土壤水盐分布变化特征。膜下滴灌棉田生育期土壤取样位置如图 2-2 所示,取样示意如图 2-3 所示。

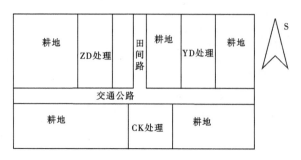

注:CK 处理表示轻度盐渍化土壤,ZD 处理表示中度盐渍化土壤,YD 处理表示重度盐渍化土壤。

图 2-2　膜下滴灌棉田生育期取样位置图

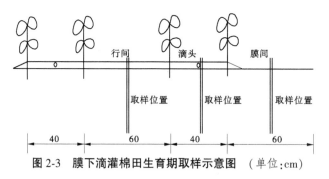

图 2-3　膜下滴灌棉田生育期取样示意图　（单位:cm）

滴灌棉田生育期取样时间为 2011 ~ 2013 年 4 月、5 月、7 月、9 月、10 月,每月取一次样品,取样共分三个点,分别是滴头下方、棉田行间、膜间中点,为了研究膜下滴灌棉田根区土壤水盐变化分布,取样点深度为自地表向下沿剖面深度每隔 20 cm 左右取一次样品,分别为 0、20 cm、40 cm、60 cm、80 cm、100 cm[0~5 cm、(20±5)cm、(40±5)cm、(60±5)cm、(80±5)cm、(100±5)cm]共计 6 组样品,每个膜下滴灌棉田生育期共 90 个样品。样品取回后在室内用烘干箱于 105 ℃条件下烘 24 h,采用质量法测量土壤含水率。将烘干后的土样碾碎,过 1 mm 的筛后配制土水比 1:5 的溶液置于三角瓶中浸泡 30 min,为促进水溶性盐完全溶解,用全温振荡仪振荡 5 min 后静置 6 h,用抽滤仪提取上层清液后采用 DDJS-308A 型电导仪测定土壤电导率。

2.2.2　膜下滴灌典型棉田土壤水盐空间分布的测定

膜下滴灌棉田土壤水盐在空间分布特征具有明显的变异性,国内外许多学者对此进行了大量的研究,为了分析膜下滴灌棉田土壤水盐空间分布情况及变化特征,选取石河子一二一团八连为试验点,空间分布取样布置如图 2-4 所示。取样时间为 2014 年 3 月 28 日、2014 年 10 月 29 日、2015 年 4 月 20 日、2015 年 10 月 25 日,在膜下滴灌棉田实施空间分布取样。采样方案如下:东西方向 13 列,总长度 600 m,南北方向 9 行,总宽度 400 m,取样间隔为每 50 m 采集一次,取样深度 100 cm,分别为 0、20 cm、40 cm、60 cm、80 cm、100 cm [0~5 cm、(20±5)cm、(40±5)cm、(60±5)cm、(80±5)cm、(100±5)cm]的土壤样品,每次共取 702 个土壤样品,取样点网格规格为 50 m×50 m,起始网格角点利用 GPS 精确定位,大田里面尺度采用经纬仪和皮尺确定尺寸。土样在室内用烘干箱在 105 ℃ 条件下烘 24 h,测量土壤含水率。将取回的土样碾碎,过 1 mm 的筛后配制土水比 1:5 的溶液置于三角瓶中浸泡 30 min,为促进水溶性盐完全溶解,用全温振荡仪振荡 5 min 后静置 6 h,用抽滤仪提取上层清液用 DDJS-308A 型电导仪测定土壤电导率。

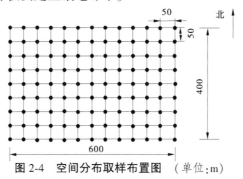

图 2-4　空间分布取样布置图　（单位:m）

2.2.3　非生育期土壤水盐分布测定

非生育期土壤水盐运移试验于 2014 年 11 月至 2015 年 3 月在新疆石河子市一二一团试验基地实施,选取不同含盐量的土壤进行棉田非生育期土壤水盐观测。地温计和取样深度均为 0、20 cm、40 cm、60 cm、80 cm、100 cm [0~5 cm、(20±5)cm、(40±5)cm、(60±5)cm、(80±5)cm、(100±5)cm],取样时间为 2014 年 11 月 13 日、2014 年 11 月 25 日、2014 年 12 月 23 日、2015 月 1 月 19 日、2015 年 3 月 9 日、2015 年 3 月 19 日共 6 次。取样时采用 GPS 精准定位,每次取样点保证在相同位置。土样在室内用烘干箱在 105 ℃ 条件下烘 24 h,测量土壤含水率。将取回的土样碾碎,过 1 mm 的筛后配制土水比 1:5 的溶液置于三角瓶中浸泡 30 min,为促进水溶性盐完全溶解,用全温振荡仪振荡 5 min 后静置 6 h,用抽滤仪提取上层清液用 DDJS-308A 型电导仪测定土壤电导率。

2.2.4　排盐沟试验土壤水盐测定

2.2.4.1　试验布置

排盐沟试验目的在于对长期膜下滴灌土壤盐分累积问题,利用土槽试验结合大田试验种植模式在膜间设置不同梯度排盐沟,观测和分析土壤盐分的分布特征及其变化,建立适合北疆地区大田的膜下滴灌棉田土壤排盐技术。试验地点在新疆农业大学田间试验地,排盐沟土槽试验效果如图2-5所示。

土槽规格为 100 cm×100 cm×90 cm(长×宽×高),按照排盐沟深度分成 10 cm、20 cm、30 cm 共三组。试验用土壤为石河子市一二一团农田土壤。参照大田种植规格,采用干播湿出,一膜一管二行的种植模式,棉花行距 40 cm,株距 10 cm。

2.2.4.2　排盐沟试验设计

由于膜下滴灌棉田排盐试验在土槽中进行,范围较小,为了减轻对排盐试验水运移的影响,设计在滴头下方和排盐沟边(膜边)取样,取样点布置如图2-6所示。

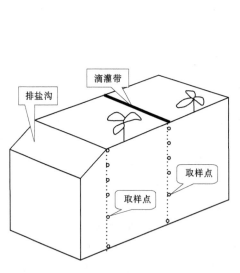

图 2-5　排盐沟土槽试验效果

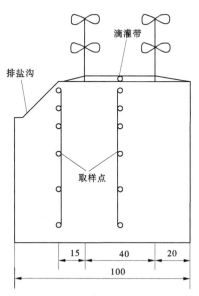

图 2-6　排盐沟试验棉花种植方式及取样点布置　(单位:cm)

　　试验时间为 2016 年 4 月 20 日至 9 月 10 日,设计灌溉定额 3 600 m^3/hm^2,采用水箱稳压供水,滴头流量为 4 L/h,灌溉时间与大田同期;试验中将土按密度 1.5 g/cm^3 每 10 cm 一层逐层装入土槽中,土壤颗粒组成见表 2-1,土壤类型为沙质土壤。

表 2-1　土壤颗粒径分析(质量比)

颗粒分级	>2.5 mm	2.5~1 mm	1~0.9 mm	0.9~0.5 mm	0.5~0.3 mm	0.3~0.08 mm	<0.08 mm	合计
质量比/%	9.20	9.90	0.07	4.88	4.18	31.34	40.43	100

　　在 5 cm、15 cm、25 cm、40 cm、60 cm、80 cm 深度处埋置土壤温度探头,自动监测土壤温度。在滴头处、排盐沟边分别取样,取样点在垂直方向按 0、15 cm、25 cm、40 cm、60 cm、80 cm(0~5 cm、5~15 cm、15~25 cm、30~40 cm、40~60 cm、60~80 cm)分六层取样。取样时间为 2016 年 4 月 20 日(初始取样)、5 月 2 日、5 月 30 日、6 月 30 日、7 月 30 日、8 月 30 日、9 月 20 日,取样方式采用土钻取样。土样在室内用烘干箱在 105 ℃ 条件下烘 24 h,测量土壤含水率。将取回的土样碾碎,过 1 mm 的筛后配制土水比 1:5 的溶液置于三角瓶中浸泡 30 min,为促进水溶性盐完全溶解,用全温振荡仪振荡 5 min 后静置 6 h,用抽滤仪提取上层清液用 DDJS-308A 型电导仪测定土壤电导率。现场设置 ϕ 200 mm 蒸发器、雨量器,固定每天观测时间(20:00),观测蒸发量和降水量。

第 3 章　膜下滴灌典型棉田生育期土壤水盐变化特征

　　膜下滴灌技术在新疆开始应用至今已 26 年,膜下滴灌与传统灌溉技术相比,具有节水、保温、抑盐、减少蒸发、降低渗漏的作用,这对水资源紧缺的新疆干旱区绿洲型农业是非常重要的,目前新疆地区滴灌面积已突破 2×10^6 hm^2。膜下滴灌技术利用滴头灌溉驱使土壤盐分向湿润锋边界运移,形成有利于膜下滴灌棉田作物根系成长的微区土壤水盐环境;然而强烈的蒸发又使土壤盐分随着水分运移而向地表迁移,来年的耕作生产又使得土壤盐分发生重新分布;膜下滴灌由于水量较小,只能将土壤盐分驱至湿润锋边沿,难以将土壤中盐分洗淋到深层土壤或地下水中,因此土壤盐分无法消除。作物耕种生产逐年进行,盐分在土壤中也逐渐累积。土壤次生盐渍化是威胁新疆农业发展的重要因素,多年膜下滴灌棉田土壤进行水盐分布的试验,对防治膜下滴灌棉田次生盐渍化问题具有重要的意义。

3.1　生育期不同盐度土壤水盐分布

　　试验区位于新疆一二一团,根据试验区气候条件膜下滴灌棉田在 4 月中下旬播种,种植方式采用"干播湿出",种植后进行出苗水灌溉,为作物生长提供水分,对土壤进行压盐保苗,创造一个适宜棉花生长的低盐环境,土壤水盐是影响棉花成长的重要因素。为便于观测土壤盐分变化趋势,以 2009~2010 年土壤盐分数据为依据,经统计处理后分为 CK 处理(低盐度,全盐量 < 0.4%)、ZD 处理(中盐度,全盐量 0.4%~0.7%)、YD 处理(高盐度,全盐量 > 0.7%)三种盐渍化程度土壤,对 2011~2013 年连续三年的棉花生育期大田土壤水盐监测数据进行分析。试验方案见 2.2.1 节。

3.1.1　生育期土壤水分变化特征

3.1.1.1　各处理 2011 年水分变化分布

　　2011 年膜下滴灌棉田生育期内各处理土壤含水率剖面变化如图 3-1 所示。

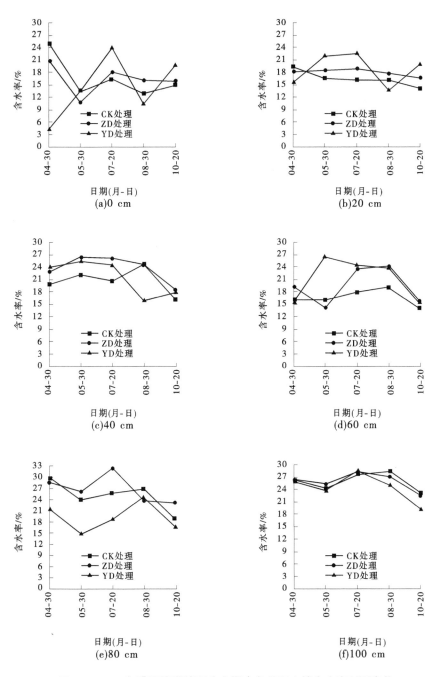

图 3-1　2011 年膜下滴灌棉田生育期内各处理土壤含水率剖面变化

从图 3-1 中可以看出,在观测期内,各处理的土壤含水率变化趋势相近,在土壤的剖面方向,随着土壤深度的增加,土壤含水率增加。4 月 30 日,在 0~20 cm 土壤中,CK 处理、ZD 处理、YD 处理土壤含水率变化区间分别为[19.33%,24.94%]、[18.12%,20.78%]、[4.38%,15.51%],CK 处理、ZD 处理土壤含水率沿剖面深度下降,YD 处理沿剖面方向土壤含水率上升,这是由于北疆地区实行"干播湿出"的耕作方式,为保证出苗率和降低土壤盐分的影响,灌溉出苗水导致表层土壤含水率较大。在土壤 100 cm 深度,CK 处理、ZD 处理、YD 处理在生育期始末土壤含水率分别减少 3.19%、3.67%、6.66%,土壤含水率各处理变化趋势一致,膜下滴灌灌溉水量相对较小,蒸发和灌溉对深层土壤的影响相对较小。

3.1.1.2　各处理 2012 年水分变化分布

2012 年膜下滴灌棉田生育期内各处理土壤含水率剖面变化如图 3-2 所示,在春播期(4 月 30 日)0~20 cm 土壤水分普遍较低,40~100 cm 土层含水率较高,YD 处理在 0~20 cm 土壤含水率 14.77%~20.16%,土壤含水率随着剖面深度增加而增加;在 40~60 cm 土壤含水率 23.31%~24.56%,土壤含水率高于浅层土壤。北疆地区膜下滴灌棉田冻融期一般在 3 月下旬结束,3 月 31 日,最低气温 2 ℃,最高气温 17 ℃,气温较低,40~60 cm 冻结土层还未完全消融。进入 4 月,随着大气温度逐渐升高,表层土壤水分蒸发量逐渐增大,造成在表层 0~20 cm 土壤含水率较低,冰雪消融后水分入渗使得 40~60 cm 土壤水分逐渐升高,4 月 13 日,最低气温 9 ℃,最高气温 25 ℃,土壤完全解冻,土壤水分不断下渗,4 月 18 日,最低气温已达 25 ℃,表层土壤水分蒸发逐渐加大,导致在生育期初土壤水分沿剖面方向随深度增加而逐渐增加的趋势。在 0~40 cm 土壤,各处理生育期土壤含水率变化趋势相似。

3.1.1.3　各处理 2013 年水分变化分布

2013 年膜下滴灌棉田生育期内各处理土壤含水率剖面变化如图 3-3 所示,在春播期(4 月 30 日)土壤水分含量相对较高,CK 处理、ZD 处理、YD 处理在 0~20 cm 土壤变化区间分别为[17.65%,19.24%]、[16.45%、19.99%]、[22.5%,23.15%],这可能是春播后对膜下滴灌棉田灌溉出苗水洗淋浅层土壤盐分导致的。各处理在生育期内土壤水分的变化趋势整体上相近,在 0~60 cm 土壤水分均呈现生育期末土壤含水率小于生育期初,CK 处理、ZD 处理、YD 处理在 80~100 cm 土壤含水率生育期末比生育期初分别增加 0.7%、1.54%、1.26%,这时由于滴灌棉田在生育期灌溉水分下渗补充深层土壤水分

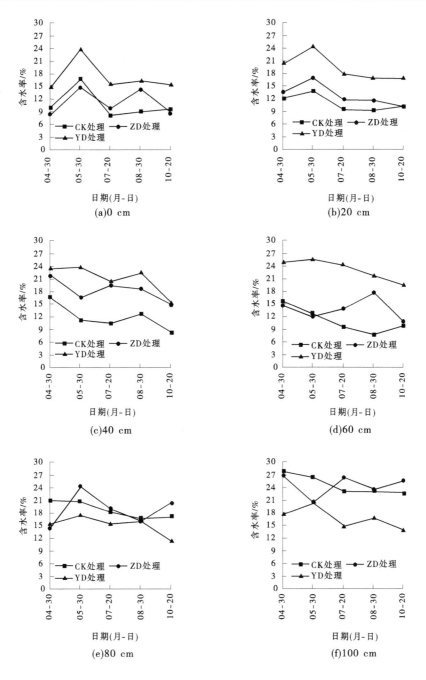

图 3-2　2012 年膜下滴灌棉田生育期内各处理土壤含水率剖面变化

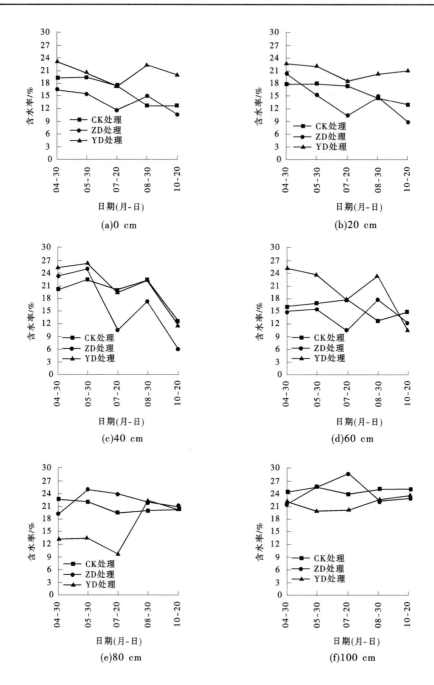

图 3-3 2013 年膜下滴灌棉田生育期内各处理土壤含水率剖面变化

含量,较深土层的土壤含水率受外界环境变化影响较小,土壤水分保持相对稳定的状态,导致在 80~100 cm 土壤水分含量保持在一个相对较高的数值。

3.1.2　生育期膜下滴灌棉田土壤盐分的变化

3.1.2.1　2011 年各处理土壤盐分分布特征

　　2011 年各处理在 0~100 cm 深度范围内各层之间土壤盐分变化如图 3-4 所示,在 0~20 cm 土壤,YD 处理土壤盐分在生育期内变化幅度最大,2011 年 5 月 30 日在地表 0 cm 土壤含盐量达到 1.51%,与生育期初 0.16% 相比增加 8.44 倍,在 20 cm 土层土壤含盐率与生育期初 0.16% 相比增加 4.3 倍;与生育期初的 4 月 30 日相比,各处理土壤盐分增加幅度为 YD>ZD>CK。可见,土壤盐分含量越高,表层土壤盐分增加幅度越大。这由于春季棉株矮小,遮阴率低,蒸发强烈,使土壤盐分向表层迁移,春季棉花处于幼苗期的土壤盐分在浅层土壤聚积。在 100 cm 土壤中生育期初 CK 处理、ZD 处理、YD 处理的土壤含盐率分别为 0.54%、1.66%、1.75%,在棉花的生长旺盛期(7 月 20 日)土壤含盐率分别为 1.52%、1.77%、1.19%,在 100 cm 土层 CK 处理、ZD 处理土壤盐分产生积盐现象,CK 处理积盐率最高,这是由浅层土壤盐分洗淋造成的。在 6~8 月,0~40 cm 土壤盐分呈逐渐下降的趋势,这由棉花生育旺盛期灌溉水量较大造成的。在 8 月下旬至 10 月中旬,0~40 cm 土壤盐分呈上升的趋势,生育期末在地表 0 cm 附近土壤盐分呈现 YD>ZD>CK,各处理在表层均呈积盐趋势,盐度越高则在地表积盐越强,这是由于膜下滴灌棉田灌溉停止后,土壤水分蒸发而盐分在浅层土壤累积。

　　由各处理生育期不同土层盐分变化可得出,YD 处理在 0~20 cm 土层变化剧烈,在 40~100 cm 土层 ZD 处理土层盐分变化幅度最大。在 0~40 cm 土层,生育期内 CK 处理土壤盐分增幅为区间[-0.08%,0.03%],ZD 处理土壤盐分增幅为区间[0.22%,0.33%],YD 处理土壤盐分增幅为区间[0.01%,0.35%],耕作层盐度高的土壤在生育期盐分增量大。

　　2011 年各处理土壤盐分变异程度见表 3-1,2011 年生育期在耕作层 0~40 cm 土壤中,各处理土壤盐分的变异程度为 YD>ZD>CK,YD 处理土壤盐分变异强度最大,干旱区膜下滴灌棉田土壤含盐量越高,其生育期内盐分的变化幅度越大,离散程度越强。0~40 cm 土壤盐分均值与 40~100 cm 土壤盐分相比,CK 处理减少 0.41%,ZD 处理降低 0.42%,YD 处理增加 0.04%;不同程度盐渍化土壤在 2011 年生育土壤盐分运移变化差异较大。

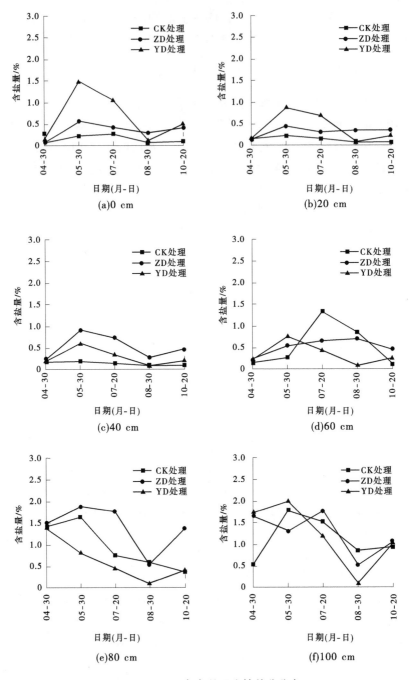

图 3-4　2011 年各处理土壤盐分分布

表 3-1　2011 年各处理土壤盐分统计分析

土层深度/cm	统计特征	CK 处理	ZD 处理	YD 处理
0~40	数量	45	45	45
	均值/%	0.15	0.47	0.56
	标准差	0.08	0.31	0.48
	偏度	0.82	0.52	1.66
	峰度	0.67	−0.96	4.18
	极小值/%	0.04	0.05	0.05
	极大值/%	0.36	1.07	2.44
	变异系数	0.53	0.65	0.86
40~100	数量	60	60	60
	均值/%	0.56	0.89	0.60
	标准差	0.59	0.55	0.54
	偏度	1.17	1.16	1.63
	峰度	0.00	1.26	2.85
	极小值/%	0.04	0.16	0.05
	极大值/%	1.95	2.61	2.49
	变异系数	1.05	0.62	0.91
0~100	数量	90	90	90
	均值/%	0.42	0.72	0.62
	标准差	0.52	0.53	0.54
	偏度	1.75	1.32	1.49
	峰度	1.89	1.94	2.48
	极小值/%	0.04	0.05	0.05
	极大值/%	1.95	2.61	2.49
	变异系数	1.22	0.73	0.87

2011 年土壤盐分变化率如表 3-2 所示,利用膜下滴灌棉田各层土壤盐分在生育期末与生育期初土壤含盐量的差值与生育期初土壤含盐量的比值表示土壤盐分变化率,负值表示该土层土壤盐分减少。2011 年膜下滴灌棉田各处理土壤盐分变化状态不同,不同深度土壤盐分的变化也不同。在地表(0 cm)附近各处理的土壤盐分变化率为 41.03%~370.79%,表层土壤均处于积盐状态,其中 ZD 处理土壤盐分增加率最大,在 0~60 cm 土层 ZD 处理、YD 处理的土壤盐分变化率大于 8.42% 处于积盐状态,CK 处理除表层土壤外其余土层均为脱盐趋势。YD 处理在耕作层(0~40 cm)峰度和偏度值较大,说明 YD 处理在耕作层土壤盐分的分布状态愈加偏离正态分布。各处理在 80~100 cm 土层土壤盐分变化率为 -8.69%~-74.82%,该层土壤在生育期处于脱盐状态;ZD 处理在 80 cm 土壤脱盐率为 8.69%,是各处理中土壤脱盐效果最低的;在 100 cm 土层土壤盐分变化趋势趋于一致。可见,不同盐度土壤积盐幅度不同,膜下滴灌棉田土壤深度越大,土壤盐分变化趋势的差异越小;土壤越深,受蒸腾和灌溉等外界环境影响因素的作用越小。

表 3-2　2011 年生育期末相比生育期初土壤盐分变化率

土层深度/cm	生育期初含盐量/%			生育期末含盐量/%			盐分变化率/%		
	CK 处理	ZD 处理	YD 处理	CK 处理	ZD 处理	YD 处理	CK 处理	ZD 处理	YD 处理
0	0.078	0.089	0.156	0.110	0.419	0.505	41.03	370.79	223.72
20	0.156	0.137	0.161	0.070	0.360	0.220	-55.13	162.77	36.65
40	0.173	0.216	0.178	0.091	0.457	0.193	-47.40	111.57	8.43
60	0.130	0.244	0.203	0.108	0.441	0.251	-16.92	80.74	23.65
80	1.418	1.496	1.382	0.357	1.366	0.403	-74.82	-8.69	-70.84
100	1.412	1.658	1.754	0.953	1.067	1.030	-32.51	-35.65	-41.28

2011 年膜下滴灌棉田在生育期土壤盐分分布状态差异性较大,棉花生育期末相比生育期初各处理在 0~60 cm 附近均处于强烈的积盐状态,ZD>YD>CK,这是由于 YD 处理取样时间与棉田轮灌间隔时间较短而导致土壤积盐率较低,越靠近地表积盐率越高,ZD 处理在地表 0~10 cm 处土壤出现积盐率峰值为 370.79%,ZD 处理和 YD 处理在 0~60 cm 土层中积盐率整体上呈降低趋

势,说明在膜下滴灌棉田棉花生育期根区土壤含盐量高的土壤更容易积盐。在 20~80 cm 土层中,CK 处理处于脱盐状态,ZD 处理和 YD 处理各土层中积盐率基本呈逐步降低的趋势,在 80~100 cm 土层中各处理均处于脱盐状态,在 100 cm 土层各处理土壤脱盐率变化幅度差距较小,这是由于深层土壤受蒸发蒸腾作用影响较弱,在灌溉水分作用下土壤盐分向下运移到更深层土壤中。

3.1.2.2　2012 年各处理土壤盐分分布特征

2012 年各处理沿土壤剖面在 0~100 cm 范围内各层土壤盐分的分布变化如图 3-5 所示,2012 年生育期各处理土壤盐分在耕作层和深层盐分均为下降变化。

在生育期初(4 月 30 日),YD 处理在 0~60 cm 土层春播期土壤盐分含量较高,在 20 cm 土层土壤中盐分达到峰值 1.04%,0~20 cm 土层土壤盐分含量较高,说明土壤盐渍化程度越大,土壤春季返盐现象越重;0~20 cm 土层与 40~60 cm 土层相比,CK 处理土壤盐分均值增加 0.045%,ZD 处理土壤盐分均值增加 0.115%,YD 处理土壤盐分均值增加 0.47%。由此可见,对膜下滴灌棉田不同程度盐渍化土壤在春季返盐程度不同,土壤盐度越大,浅层土壤返盐越严重。2012 年膜下滴灌棉田生育期初(4 月 30 日)在 0~20 cm 土层土壤盐分均值与 2011 年相比,YD 处理土壤盐分增值为 0.48%,CK 处理土壤盐分增值为 0.09%,说明重度盐渍化土壤受冻融影响在浅层土壤积盐现象更加明显。在 7 月 20 日观测数据中,0~60 cm 土层中盐分含量各处理排序为 YD>ZD>CK,在土壤表层 0 cm 附近 YD 处理土壤盐分达到峰值 1.15%,相比 4 月 30 日土壤含盐量则增加 0.39%,在棉花生长旺盛期盐度高的土壤积盐幅度大。这属于典型的干旱区盐渍化土壤分布特点,由于处于生长旺盛期的膜下滴灌棉田受气温高、蒸发和蒸腾作用强烈的影响、膜下滴灌棉田棉花耗水能力强而造成,说明不同盐度的土壤中,盐分含量越高对环境敏感性越高。

2012 年各处理土壤盐分统计分析见表 3-3,膜下滴灌棉田不同深度范围的土壤盐分统计分布特征具有明显的不同,在 0~40 cm 土层土壤盐分 CK 处理变异系数为 0.47,属于中等强度;ZD 处理和 YD 处理变异系数均为 0.75,属于中等偏强变异程度,说明在不同程度盐渍化耕作层土壤中,含盐量较高的土壤盐分在蒸发和蒸腾作用下变化幅度较大、变异程度更强;在 40~100 cm 土层中 CK 处理、ZD 处理、YD 处理的变异系数分别为 0.91、0.89、0.87,随着土壤加深,各处理土壤盐分变异程度差距变小。总体来看,土壤剖面深度越大,土壤盐分变异程度越强。

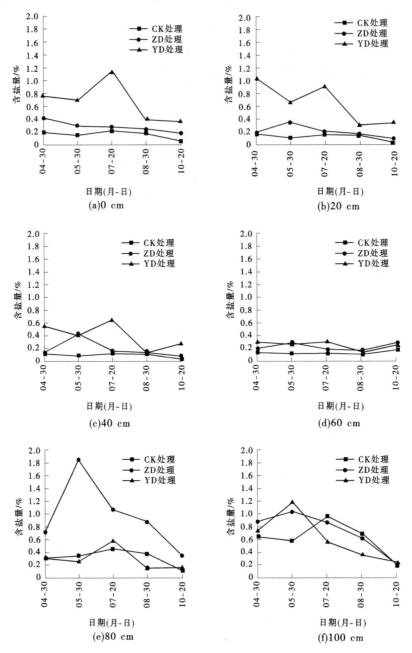

图 3-5　2012 年不同处理土壤盐分分布

表 3-3　2012 年各处理土壤盐分统计分析

土层深度/cm	统计特征	CK 处理	ZD 处理	YD 处理
0～40	数量	45	45	45
	均值/%	0.12	0.22	0.45
	标准差	0.06	0.17	0.34
	偏度	0.45	2.28	1.32
	峰度	0.57	6.81	2.35
	极小值/%	0.03	0.05	0.05
	极大值/%	0.29	0.95	1.66
	变异系数	0.47	0.75	0.75
40～100	数量	60	60	60
	均值/%	0.27	0.50	0.33
	标准差	0.25	0.45	0.28
	偏度	1.13	1.50	3.13
	峰度	−0.27	2.32	12.12
	极小值/%	0.03	0.05	0.10
	极大值/%	0.84	2.02	1.75
	变异系数	0.91	0.89	0.87
0～100	数量	90	90	90
	均值/%	0.23	0.42	0.39
	标准差	0.21	0.40	0.33
	偏度	1.65	1.91	2.05
	峰度	1.47	4.09	4.92
	极小值/%	0.03	0.05	0.05
	极大值/%	0.84	2.02	1.75
	变异系数	0.95	0.96	0.84

如表 3-4 所示,2012 年各处理土壤盐分在生育期整体上呈脱盐变化。脱盐状态下在 0～100 cm 土层中,CK 处理和 YD 处理在 60 cm 土层土壤盐分变

化率分别为 28.57%、-13.33%,各层盐分变化率呈波浪形,CK 处理和 YD 处理各层土壤盐分在剖面深度方向的脱盐率为浅层和深层变化幅度较大,中间变化幅度小;ZD 处理盐分变化率区间[-5.26%,-75.00%],随着土壤剖面深度的增加而逐渐加大。综上可知,在脱盐状态下,不同盐度土壤的盐分在水平方向变化幅度、剖面方向变化趋势差异较大。

表3-4　2012 年生育期末相比生育期初土壤盐分变化率

土层深度/cm	生育期初含盐量/%			生育期末含盐量/%			盐分变化率/%		
	CK 处理	ZD 处理	YD 处理	CK 处理	ZD 处理	YD 处理	CK 处理	ZD 处理	YD 处理
0	0.19	0.19	0.76	0.06	0.18	0.36	-68.42	-5.26	-52.63
20	0.17	0.15	1.04	0.04	0.10	0.35	-76.47	-33.33	-66.35
40	0.13	0.21	0.56	0.04	0.09	0.29	-69.23	-57.14	-48.21
60	0.14	0.71	0.30	0.18	0.29	0.26	28.57	-59.15	-13.33
80	0.31	0.88	0.32	0.11	0.34	0.16	-64.52	-61.36	-50.00
100	0.65	0.76	0.74	0.18	0.19	0.24	-72.31	-75.00	-67.57

3.1.2.3　2013 年各处理土壤盐分分布特征

2013 年各处理在 0~100 cm 深度范围内土壤盐分变化如图 3-6 所示,棉花生长期 4 月 30 日至 7 月 20 日,在 0~40 cm 土层各处理土壤盐分处于上升趋势,YD 处理土壤盐分变化幅度最大,棉花生长旺盛期(7 月 20 日)与生育期初(4 月 30 日)土壤盐分相比,在 0 cm、20 cm、40 cm 土层土壤含盐量分别增加 0.29%、0.37%、0.23%,YD 处理地块的土壤盐分在耕作层各层土壤中均处于盐分累积状态;在 80 cm 土层 CK 处理和 ZD 处理土壤盐分均值分别增加 0.32%、0.97%,这是由膜下滴灌棉田灌溉水分下渗的同时携带土壤盐分向深层迁移导致的。在 0~60 cm 土层各处理 4~5 月土壤盐分变化幅度较小,5~7 月土壤盐分变化幅度较大。4~5 月,棉花处于幼苗期,棉株矮小、作物蒸腾作用较弱。6~7 月,由于气温高、蒸发强烈,棉花处于生长旺盛期的同时耗水强度增加,在水分蒸发、作物蒸腾作用共同影响下,耕作层(0~40 cm)土壤盐分含量明显增加。8~10 月,在 0~40 cm 土层,CK 处理各土层土壤盐分均减少 0.04%;ZD 处理土壤盐分增加幅度为 0~0.03%,YD 处理土壤盐分增加幅度为 0.02%~0.09%,CK 处理和 ZD 处理均呈现为靠近地表土壤盐分增加幅度较大,在该时期内土壤盐分呈上升趋势。膜下滴灌棉田生育期灌溉停止后,受气温和蒸发作用的影响,盐度高的土壤盐分在浅层积盐幅度高于盐度较低土壤,说明盐度高的土壤在外界环境影响下土壤盐分的敏感性更高。

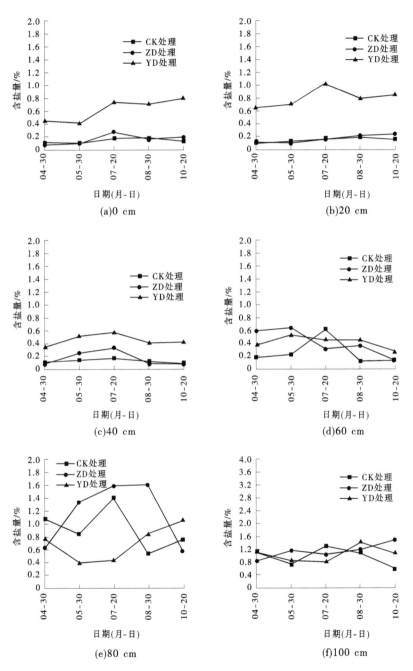

图 3-6 2013 年不同处理土壤盐分分布

由表 3-5 可以看出,膜下滴灌棉田 2013 年在生育期各处理的土壤盐分变异程度差异较大。在 0~40 cm 浅层土壤中,各处理土壤盐分的变异系数 ZD>YD>CK,ZD 处理土壤盐分变异程度最高,说明干旱区膜下滴灌棉田耕作层盐度较高的土壤盐分的变异程度较强。在 40~100 cm、0~100 cm 土层,土壤盐分变异程度 CK>ZD>YD,CK 处理变异系数分别为 1.03、1.17,土壤盐分极大值均为 1.62%,CK 处理在深层土壤中盐分产生累积,ZD 处理和 YD 处理属于中等变异程度,盐度较低土壤在膜下滴灌棉田生育期浅层土壤盐分更易被洗淋至深层土壤。0~40 cm 土层的土壤盐分均值与 40~100 cm 土层的土壤盐分相比,CK 处理减少了 0.41%,ZD 处理降低了 0.55%,YD 处理降低了 0.03%。可见在多年膜下滴灌棉田耕作层土壤中,不同盐度土壤的膜下滴灌棉田在相同的灌溉制度和耕作模式下,含盐量高的土壤盐分在耕作层更易发生盐分聚积现象。

表 3-5 2013 年各处理土壤盐分统计分析

土层深度/cm	统计特征	CK 处理	ZD 处理	YD 处理
0~40	数量	45	45	45
	均值/%	0.12	0.17	0.63
	标准差	0.05	0.13	0.31
	偏度	1.31	2.09	0.46
	峰度	1.34	4.86	−0.76
	极小值/%	0.04	0.05	0.07
	极大值/%	0.27	0.65	1.34
	变异系数	0.45	0.75	0.50
40~100	数量	60	60	60
	均值/%	0.53	0.72	0.66
	标准差	0.55	0.59	0.44
	偏度	0.88	0.35	1.46
	峰度	−0.98	−1.52	0.78
	极小值/%	0.04	0.05	0.24
	极大值/%	1.62	1.74	1.85
	变异系数	1.03	0.82	0.67

续表 3-5

土层深度/cm	统计特征	CK 处理	ZD 处理	YD 处理
0~100	数量	90	90	90
	均值/%	0.40	0.54	0.68
	标准差	0.47	0.55	0.41
	偏度	1.48	0.96	1.15
	峰度	0.68	−0.67	0.42
	极小值/%	0.04	0.05	0.07
	极大值/%	1.62	1.74	1.85
	变异系数	1.17	1.03	0.60

2013 年生育期末相比生育期初土壤盐分变化率如表 3-6 所示,各处理在 0~20 cm 土层均处于积盐状态,ZD 处理土壤盐分变化率为 137.50%~100%,土壤盐分在浅层积累强度最大;在剖面方向上,YD 处理在 0~40 cm 土层的土壤盐分变化率为 22.86%~77.78%,处于脱盐状态,土壤盐分累积的深度大于 CK 处理和 ZD 处理;在 40~100 cm 土层,CK 处理和 ZD 处理各层土壤盐分变化率为 0~−76.67%,整体处于脱盐状态,YD 处理土壤盐分变化表现为积盐、脱盐交替变化的趋势。综上所述,土壤耕作层盐度高的土壤盐分在棉花生育期的积盐率和积盐深度均较高。

表 3-6　2013 年生育期末相比生育期初土壤盐分变化率

土层深度/cm	生育期初含盐量/%			生育期末含盐量/%			盐分变化率/%		
	CK 处理	ZD 处理	YD 处理	CK 处理	ZD 处理	YD 处理	CK 处理	ZD 处理	YD 处理
0	0.11	0.08	0.45	0.13	0.19	0.80	18.18	137.50	77.78
20	0.10	0.12	0.65	0.15	0.24	0.85	50.00	100.00	30.77
40	0.12	0.09	0.35	0.09	0.09	0.43	−25.00	0	22.86
60	0.19	0.60	0.39	0.15	0.14	0.28	−21.05	−76.67	−28.21
80	1.07	0.61	0.75	0.74	0.55	1.04	−30.84	−9.84	38.67
100	1.13	0.85	1.13	0.59	1.51	1.09	−47.79	77.65	−3.54

3.1.2.4　不同盐度土壤盐分年际变化特征

2011~2013 年各处理土壤盐分年际变化如图 3-7~图 3-9 所示,在剖面方向上不同土层土壤平均含盐量年际变化差异趋势较大,2013 年 10 月与 2011 年 4 月相比,在 0~20 cm 土层,CK 处理、ZD 处理、YD 处理土壤盐分变化幅度分别为 0.02%、0.1%、0.66%,土壤盐分在 3 年观测期间增幅为土壤盐度越高,盐分增幅越大。YD 处理土壤盐分随着耕作年限增加而逐渐上升;在

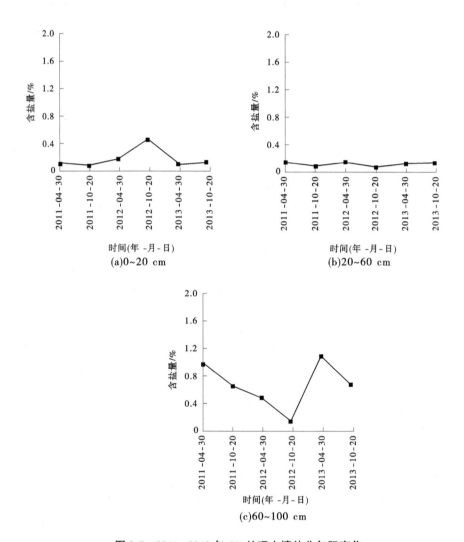

(a)0~20 cm

(b)20~60 cm

(c)60~100 cm

图 3-7　2011~2013 年 CK 处理土壤盐分年际变化

20~60 cm 土层,CK 处理和 ZD 处理土壤盐分变化幅度为−0.02%、−0.04%,总体上随着耕作年限延长土壤含量略有下降,YD 处理土壤盐分增幅为0.34%,整体随着年限增加而上升;在60~100 cm 土层,CK 处理、ZD 处理、YD处理土壤盐分均呈 V 形变化。可见,不同盐度土壤在相同灌溉制度下土壤盐分变化特征差异较大,在0~60 cm 土层随着应用年限的延长土壤盐分增加,在0~60 cm 土层,土壤盐分的平均增幅各处理表现为 CK<ZD<YD,土壤盐度越高,土壤盐分年际间累积增幅越大。

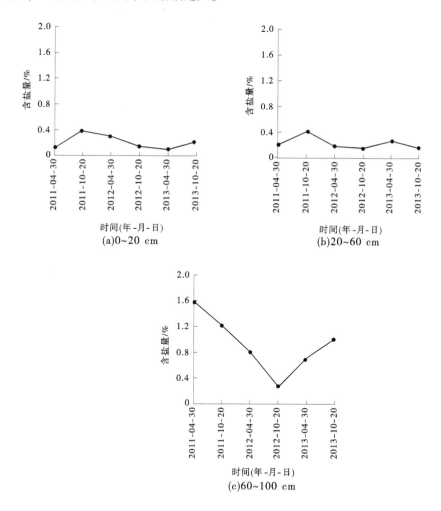

图3-8　2011~2013 年 ZD 处理土壤盐分年际变化

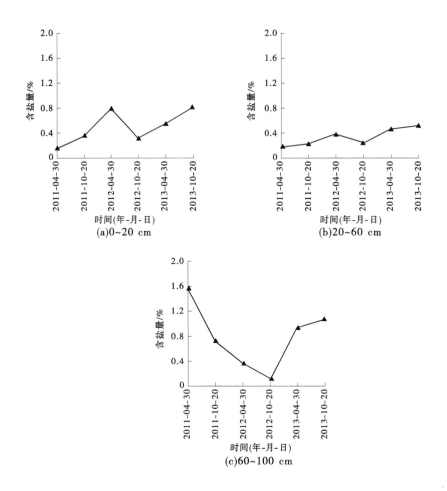

图 3-9　2011～2013 年 YD 处理土壤盐分年际变化

3.2　滴灌棉田生育期棉花根区土壤盐分分布

新疆是我国盐碱地面积最大的地区,由于气候干旱少雨、蒸发强烈的特点,盐碱化土壤在新疆分布非常广泛。在新疆已开垦的 $3.333 \times 10^6 \ hm^2$ 荒地中有 40%～50% 因发生土壤次生盐渍化而被弃耕,耕地土壤中盐渍化面积达 $1.229 \times 10^6 \ hm^2$,土壤盐渍化已成为影响新疆农业生产的主要因素[106-111]。为了能够实现新疆农业可持续发展,发展高效节水农业势在必行,膜下滴灌技术正是在此情况下由于其自身的优势而得到迅速发展。目前,新疆已拥有超过 $2 \times 10^6 \text{ hm}^2$ 的膜下滴灌耕地,推动了棉花生产和管理的发展,具有良好的经济效益和社会效益。但在膜下滴灌技术下,土壤出现了新的次生盐渍化问题。膜下滴灌采用小流量的连续供水,在水分作用下将盐分从根区驱向两侧和土壤深层,滴灌的灌溉定额小,难以将土壤盐分洗淋到地下水中,盐分在蒸发作用下向上迁移,水去盐留,在浅层土壤盐分逐渐积累,由于强烈的蒸发和作物的蒸腾作用,盐分表聚的趋势仍然强烈;膜下滴灌棉田在作物根区形成有利于棉花生长的湿润体,保障生育期内棉花正常生长,而土壤脱盐和积盐这对矛盾始终存在着[112-116]。因此,研究膜下滴灌棉田根区土壤盐分分布规律,对膜下滴灌棉田的发展具有重要的意义。试验区设在一二一团,取样点选在膜下滴灌棉田膜中滴头处、膜上行间中心(距滴头 30 cm)、膜间中心(距滴头 40 cm);将试验区土壤按不同盐渍化程度划分为 CK 处理(低盐度,全盐量< 0.4%)、ZD 处理(中盐度,全盐量 0.4%~0.7%)、YD 处理(重盐度,全盐量> 0.7%)三种盐渍化程度土壤进行研究,三种处理土壤盐度划分依据与上节相同。试验布置见膜下滴灌棉田生育期根区土壤水盐测定。

3.2.1 膜下滴灌棉田滴头下土壤盐分的变化

膜下滴灌棉田滴头下方土壤盐分分布如图 3-10 所示,重度盐渍化土壤在浅层(0~20 cm)春季土壤盐分含量较高,在 2013 年 5 月 30 日 YD 处理土壤盐分达到 0.88%,随着土壤深度的增加,土壤盐分含量逐渐减小。在 0~20 cm 土层中生育期末相比生育期初,CK 处理土壤盐分减少 0.07%,ZD 处理土壤盐分增加 0.22%,YD 处理土壤盐分增加 0.73%;在 0~40 cm 土层中土壤盐分 CK 处理、ZD 处理、YD 处理增幅分别为 0、0.02%、0.04%,ZD 处理、YD 处理盐分增加,在生育期,灌溉对土壤盐分的洗淋作用对低盐度土壤效果更好。

3.2.2 膜下滴灌棉田行间土壤盐分的变化

膜下滴灌棉田生育期行间各处理土壤盐分分布如图 3-11 所示。在 2013 年 7 月 20 日 ZD 处理和 YD 处理相对于生育期初土壤盐分分别增加 0.36%、 0.4%,而 CK 处理土壤盐分减少 0.05%,这是由于北疆地区 7 月气温高,棉花处于生长旺盛时期蒸腾作用强烈,表明在膜下滴灌棉田生育阶段的土壤盐分含量越高,行间积盐越严重。7~8 月由于棉花枝叶茂盛,遮阴率高,在很大程度上减少了土壤水分的蒸发,也就减少了浅层土壤盐分的向上运移,该时段土壤盐分呈下降趋势。8 月底至 9 月初棉田灌溉停止后土壤盐分含量又逐渐升

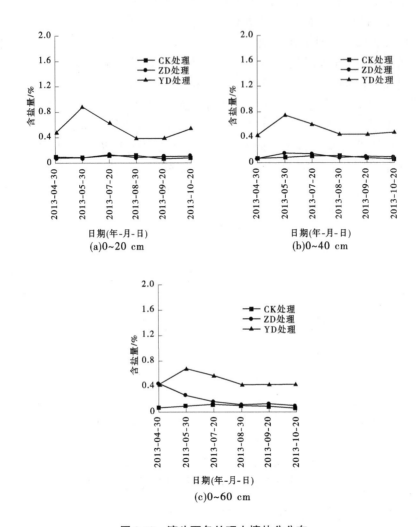

图3-10　滴头下各处理土壤盐分分布

高,土壤盐分和灌溉相对应,充分体现了膜下滴灌棉田土壤水盐运移"盐随水动"的运移方式。生育期末 CK 处理、ZD 处理、YD 处理在 0~20 cm 土层的土壤盐分相比,生育期初增幅分别为-0.03%、0.15%、0.35%,在 0~40 cm 土层,土壤盐分增幅分别为-0.03%、0.11%、0.29%。由此可见,耕作层土壤盐度越高在行间土壤盐分增幅越大。

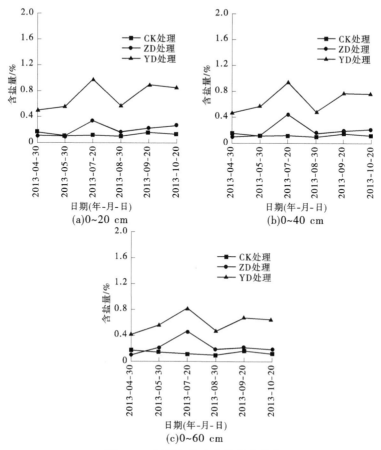

图 3-11　行间各处理土壤盐分分布

3.2.3　膜下滴灌棉田膜间土壤盐分的变化

　　膜下滴灌棉田生育期膜间各处理土壤盐分的分布如图 3-12 所示,在膜下滴灌棉田生育期,CK 处理和 ZD 处理膜间土壤盐分呈先上升后下降的变化趋势,YD 处理膜间土壤盐分均呈上升趋势,由于膜间土壤裸露在强烈的蒸发作用下,土壤盐分从侧向和垂向向膜间迁移。膜下滴灌棉田生育期末相比生育期初,CK 处理、ZD 处理、YD 处理土壤盐分在 0~20 cm 土层分别增加 0.12%、0.17%、0.4%,在 0~40 cm 土层中各处理土壤盐分分别增加 0.05%、0.09%、0.28%,在 0~60 cm 土层中各处理土壤盐分增加量分别为 0.03%、0.1%、0.14%。由此可见,在不同深度土壤中均表现为,膜下滴灌棉田土壤含盐量越高,膜间土壤盐分的聚积越严重。

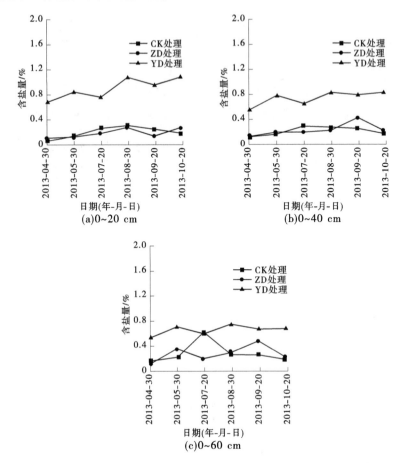

图 3-12　膜间各处理土壤盐分分布

3.3　地下水埋深与土壤水盐分布特征

3.3.1　地下水埋深与土壤含水率分布

地下水埋深与土壤水盐分布的土壤样品采集点为 2010 年开始实施膜下滴灌棉田种植地块,取样点与地下水观测井相距 20 m,观测时间为 2013 年 3 月 20 日至 12 月 22 日,地下水埋深与膜下滴灌棉田土壤水分关系如图 3-13 所示。

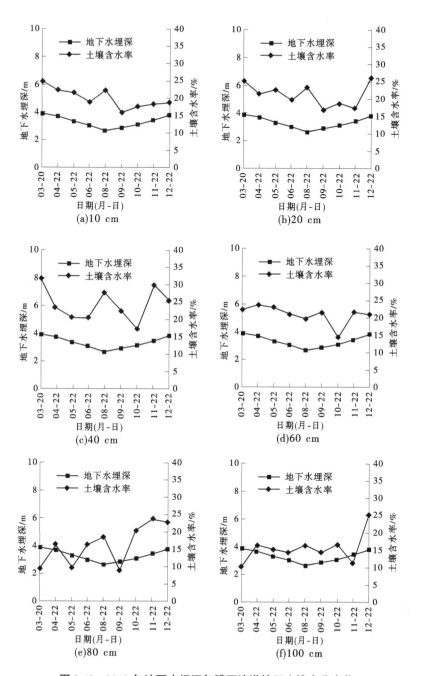

图 3-13　2013 年地下水埋深与膜下滴灌棉田土壤水分变化

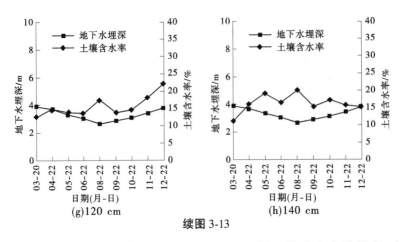

续图 3-13

在 3 月 20 日地下水位 3.88 m,0~40 cm 土层土壤含水率均较高,由于膜下滴灌棉田季节性冻土还没有完全消融,表层土壤已经消融,而 40~60 cm 土层土壤还处于冻结状态,地表冰冻消融水下渗,在 40 cm 土壤深度处形成滞水层,造成在 40 cm 土壤含水率高达 31.97%。在膜下滴灌棉田春播后,地下水位由 3.69 m(4 月 22 日)升到最高值 2.64 m(8 月 22 日),0 cm、20 cm、40 cm、60 cm、80 cm、100 cm、120 cm、140 cm 土壤水分含量分别增加 0.2%、0.99%、4.61%、-4.08%、1.47%、0、2.79%、4.1%。在 0~100 cm 土层,土壤含水率呈现波浪式变化,这是灌溉和蒸发蒸腾共同作用所导致的,在深层土壤(100~140 cm)水分呈增加趋势,土层越深土壤含水率的变化与地下水位的变化趋势越相近,水分灌溉导致地下水位上升,地下水位的升高又增加土壤毛细水的上升;膜下滴灌棉田停止灌溉后地下水位开始逐渐下降,12 月 22 日地下水位降至 3.8 m。可以看出,0~100 cm 土层土壤含水率有大致相同的变化规律,在膜下滴灌棉田春播前到 6 月这段时间内,各层土壤含水率呈稳中有降变化,在 6 月 22 日地下水位为 3.03 m,其后棉花进入生长旺盛期,灌溉水量较多,土壤水分含量上升,在 8 月 22 日各层土壤水分达到生育期最高值,同时地下水位上升到 2.64 m,随着灌溉的停止,地下水位逐渐下降。地下水位的变化与灌溉和土壤含水率有直接关系,越靠近地下水位的土层,土壤含水率与地下水位的变化越相近。

3.3.2　地下水埋深与土壤盐分的分布变化

地下水埋深与土壤盐分关系如图 3-14 所示。在 2013 年 3 月 20 日,地下水埋深为 3.88 m,观测层土壤盐分的分布区间[0.061%,0.074%];在膜下滴灌棉

田春播期(4 月 22 日)地下水埋深 3.69 m,在 0~60 cm、0~80 cm、0~100 cm、0~
140 cm 土层,土壤盐分值分别为 0.061%、0.06%、0.058%、0.068%;在 6 月 22 日
地下水埋深为 3.03 m,随着滴灌棉田开始灌溉,地下水埋深逐渐上升。8 月 22
日地下水埋深为 2.64 m,与 4 月 22 日相比,0~60 cm、0~80 cm、0~100 cm、0~
140 cm 土壤盐分含量分别增加 0.025%、0.023%、0.026%、0.011%;与 6 月 22 日
相比不同土层土壤盐分含量分别降低 0.014%、0.017%、0.013%、0.012%,6 月
22 日至 8 月 22 日棉花处于生长旺盛期,灌水强度大,土壤盐分随着地下水位的
上升而逐渐下降,生育期灌溉和蒸发造成盐分波动变化,加之作物根系活动层土
壤受蒸腾和蒸发影响较大。在地下水埋深变浅时土壤毛细水能够上升到地表,
盐分随着土壤毛细水的蒸发上行,最终水去盐留形成土壤盐分表聚,在地下水埋
深较大时,土壤的水盐排泄通畅,有利于土壤的排盐。

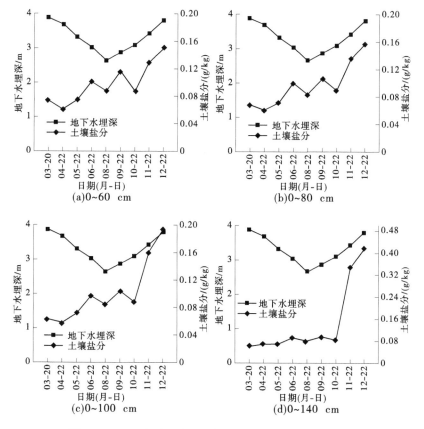

图 3-14　2013 年地下水埋深与不同深度土壤盐分的分布

3.3.3　地下水埋深与土壤水盐分布变化的规律

　　膜下滴灌棉田的地下水埋深在棉花生育期内 4~10 月表现为先浅后深的变化规律,4~8 月地下水埋深逐渐变浅,8 月后地下水埋深开始逐渐下降;地下水埋深受膜下滴灌棉田灌溉的影响强烈,棉田播种期开始灌溉后地下水位随着灌溉过程进行逐渐上升,在棉花的蕾期和花铃期灌水频繁,土壤剖面方向产生深层渗漏,使得地下水埋深变浅;停止灌溉后,地下水位又开始逐渐下降。土壤盐分的变化与地下水位的变化具有密切关系,4~6 月在膜下滴灌棉田土壤盐分随着时间进程含盐量逐渐上升,6~8 月盐分随着地下水位上升而下降,8 月 22 日后地下水位逐渐下降而土壤盐分表现为上升的趋势持续到 9 月生育期末。

　　为了分析土壤水盐与地下水埋深之间的变化关系,采用取样试验的所有土壤水盐数据做散点图,利用 SPSS 数据处理中多项式拟合法得到拟合方程,研究土壤水盐分布与地下水埋深之间的变化规律,如图 3-15 所示。土壤盐分与地下水埋深之间的相关性拟合方程为:$y = -0.023\,66 + 0.108\,54x - 0.021\,13x^2$,其 R^2 值为 0.913;土壤水分与地下水埋深之间拟合方程为:$y = 124.129\,05 - 68.422\,91x + 11.071\,69x^2$,其 R^2 值为 0.782。土壤水盐与地下水埋深之间的变化关系表明,灌溉使膜下滴灌棉田地下水位上升,强烈蒸发促使地下水顺着土壤毛细管向上迁移,水分蒸发将使土壤盐分在浅层产生累积,水分蒸发使得地下水位下降,在灌溉和蒸发作用下这个过程反复交替。在地下水位较低时,地下水对土壤根区水分的补给有限,膜下滴灌棉田生育期耗水主要依靠灌溉满足。

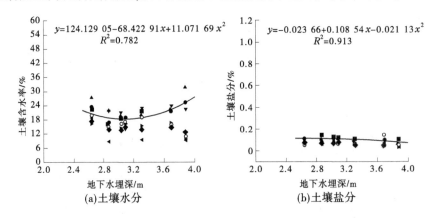

图 3-15　地下水埋深与土壤水盐的关系

3.4　膜下滴灌棉田灌溉对土壤水盐分布的影响

3.4.1　取样设置

试验地自 2005 年开始实行膜下滴灌棉田的种植,取样深度分别为 0、20 cm、40 cm、60 cm、80 cm、100 cm、120 cm,土钻取样。取土时间为 2013 年 4 月 10 日和 4 月 22 日,分别为棉花种植前和播种完成浇出苗水后一周。东西方向每隔 100 m 采集一组土样,共取 6 组,每次取样在同一位置。棉田于 4 月 15 日灌溉出苗水,灌水一周后进行取样。

3.4.2　土壤水盐统计特征分析

北疆地区棉花春播期一般采用"干播湿出"的种植方式,种植后灌溉出苗水。土壤水盐统计特征见表 3-7。由表 3-7 可看出,土壤盐分极值点灌溉前主要在 40~80 cm 土层,灌溉后极值点集中在 60 cm 以下土层。灌溉前后在 0、20 cm、40 cm 土壤含盐量均值分别降低 0.15%、0.09%、0.26%,灌溉洗淋耕作层土壤盐分。灌溉后在 0~120 cm 土层土壤盐分均值垂向分布呈递增趋势,浅层土壤盐分在滴灌水分作用下不断向下运移,可见膜下滴灌具有明显的局部抑盐作用。土壤水分在表层(0 cm)灌溉前为 11%~25%,灌溉后为 17%~29%。从水分均值可看出,灌溉后 0 cm 土壤含水率增加 3%,60 cm 土壤水分增加 1.28%。在 0~100 cm 土层土壤含水率的变异系数为 0.12~0.20,不同土层间的变异程度有明显的差异。灌溉后在 0~20 cm 土壤水分的变异系数为 0.15~0.19;灌溉后在 0~40 cm 土层土壤水分的变异系数为 0.12~0.19,耕作层土壤越深含水率变异幅度越小。在 40~80 cm 土层土壤盐分变异系数比较高,灌溉前在 40 cm 土层盐分变异系数为 1.09 属于强变异程度。土壤样本的均值表明数值变化趋势,变异系数表明土壤样本值的离散程度[117]。土壤盐分的变异程度高于水分的变异程度,说明影响土壤盐分分布的因素较多[118-119]。可见,在表层土壤灌溉后土壤水盐的变异强度均减弱,土壤水分均值增加而盐分均值减少。

土壤活跃程度[120]不仅反映自然因素的影响,而且显示人为因素的干扰强度[121]。利用聚类分析法,分析土壤不同土层水盐的变化类型[122]。将其划分为 2 层:活跃层(Ⅰ类)、稳定层(Ⅱ类)。

表3-7 灌溉土壤水盐含量统计特征

项目	深度/cm	最大值/%		最小值/%		均值/%		标准差		变异系数		K-S检验		层次	
		灌溉前	灌溉后	灌溉前	灌溉后	灌溉前	灌溉后	灌溉前	灌溉后	灌溉前	灌溉后	灌溉前	灌溉后	灌溉前	灌溉后
盐分	0	0.65	0.32	0.08	0.05	0.26	0.11	0.22	0.05	0.82	0.46	N	LN	I	I
	20	0.42	0.6	0.09	0.04	0.24	0.15	0.14	0.08	0.60	0.54	N	LN	I	I
	40	1.21	0.39	0.04	0.04	0.38	0.12	0.42	0.11	1.09	0.91	N	N	I	II
	60	1.11	1.58	0.06	0.04	0.48	0.47	0.39	0.37	0.82	0.79	N	LN	II	II
	80	1.13	1.54	0.06	0.06	0.47	0.58	0.44	0.53	0.93	0.91	N	N	II	II
	100	0.83	1.13	0.07	0.04	0.57	0.57	0.29	0.45	0.51	0.78	N	N	I	II
	120	0.77	1.28	0.07	0.03	0.48	0.71	0.27	0.48	0.56	0.68	N	N	II	II
水分	0	25	29	11	17	18.71	21.71	5.47	4.11	0.29	0.19	N	N	I	II
	20	25	24	15	16	20.43	19.86	4.31	2.91	0.21	0.15	N	N	II	II
	40	32	27	16	20	24.57	23.14	5.16	2.79	0.21	0.12	N	LN	I	II
	60	27	27	12	15	20.86	22.14	5.37	4.60	0.26	0.21	N	N	I	I
	80	24	25	16	13	19.57	20.71	2.64	4.19	0.13	0.20	N	N	II	II
	100	27	25	11	15	18.29	21.29	6.63	3.25	0.36	0.15	N	N	II	II
	120	30	28	11	10	20.43	20.57	6.75	6.13	0.33	0.30	N	N	II	I

注:N 表示正态分布,LN 表示对数正态分布;I 表示活跃层,II 表示稳定层。

　　土壤盐分灌溉前表现为表层Ⅰ类,底层Ⅱ类,灌溉后盐分的活跃程度规律性更强,在 0~20 cm 土壤属于Ⅰ类,其余土层属于Ⅱ类。土壤水分在灌溉前后,表现出相反的活跃性,灌溉前表层活跃,底层稳定;灌溉后土壤水分活跃程度变化与灌溉前相反,说明灌溉对土壤水分影响大,对土壤盐分的影响小于对土壤水分的影响。

3.4.3　滴灌棉田灌溉前后土壤水盐的分布变化

　　在地统计分析水盐的空间分布前,采用 K–S 检验对数据进行正态分布测试,见表 3-7,结果表明土壤盐分和水分数据服从正态分布和对数正态分布,符合要求。利用 Surfer 软件对数据进行 Kriging 插值,并绘制空间分布等值线图,等值线的密集程度反映了变量的空间变异性。

　　灌溉前后土壤盐分和水分空间分布见图 3-16。

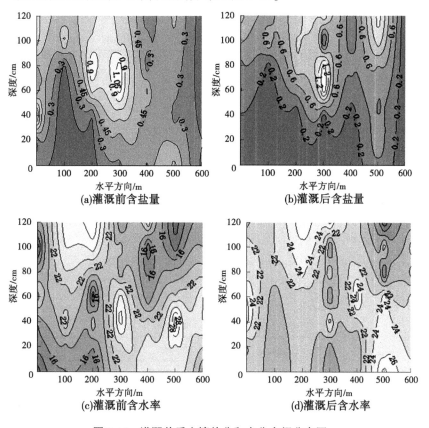

图 3-16　灌溉前后土壤盐分和水分空间分布图

从图 3-16 可知,灌溉前土壤盐分的分布差异大,空间分布规律性不明显,分布格局较为杂乱。0~20 cm 土壤含盐量变化幅度小;40~80 cm 等值线密集,高值和低值交错;在 40~80 cm 、200~400 m 等值线密集度高,盐分含量高;在 100 cm 以下等值线相对均匀。总体上灌溉前土壤盐分空间分布格局较为杂乱,低值和高值数量多且分布交错。灌溉后在 0~20 cm 含盐量变化相比灌溉前等值线的变化幅度大,在水平尺度上等值线明显减少,土壤盐分为 0.2% 以下。在 80~120 cm、400~600 m 灌溉后盐分空间变异大、等值线密集,土壤盐分在 0.6% 以上。可见,灌溉使土壤盐分在空间分布状态发生变化。灌溉前后在水平方向 300 m 附近土壤盐分积聚度和空间变异程度高于其他区域[123]。膜下滴灌棉田经过多年应用后,盐分在土壤一定层面上积累,长期盐分积累是一个需要关注的问题[124]。

种植前 0~20 cm 土层水平尺度方向上土壤水分等值线表现为 300~600 m 处土壤含水率高于 0~300 m 处土壤;在 20~120 cm、0~200 m 含水率随土壤深度的增加逐渐增加;在 60~120 cm、400~600 m 土壤含水率随深度增加而减少;在 40~60 cm 土层等值线变化幅度明显高于其他土层,含水率低值和高值在空间分布上共存。灌溉后土壤含水率等值线变得均匀,在 0~40 cm 空间变异性随着深度的增加逐渐增长的趋势。可见,灌溉改变了土壤水分的空间分布。

灌溉前后土壤水盐的相关性见表 3-8,采用 Pearson 相关性分析法,分析各层土壤含盐量和含水率之间的关系。灌溉前 0~20 cm 土层相关系数 0.825~0.877,呈高度相关,100~120 cm 土层相关系数为 0.372~0.036,相关性弱;灌溉后 0~40 cm 相关系数 0.684~0.495,为中度相关,相关强度沿土壤深度减小。通过对比灌溉前后土壤水分与盐分的 Pearson 相关性,灌溉后 0~40 cm 土壤水分和盐分相关性更加趋于均匀,说明灌溉活动影响了土壤的水分和盐分的相互关系。

表 3-8　土壤盐分与水分 Pearson 相关系数

项目	0 cm	20 cm	40 cm	60 cm	80 cm	100 cm	120 cm
灌溉前	0.825**	0.877*	−0.504	−0.165	−0.206	0.372	0.036
灌溉后	0.684	0.578	0.495	−0.554	0.261	0.704	0.014

注:*表示置信水平 0.01;**表示置信水平 0.05。

3.5　土壤盐分的空间分布特征

3.5.1　土壤盐分的空间分布变化

2015 年 4 月膜下滴灌棉田各层土壤盐分空间分布如图 3-17 所示。膜下滴灌棉田在 0~10 cm、10~20 cm 土层土壤盐分空间分布趋势相近,在东西向 100 m、南北向 250 m 出现土壤盐分聚集区,越靠近地表土壤盐分含量越高,在地表附近出现盐分峰值 5.67%,土壤盐分等值线密集,盐分变化剧烈;在 40~80 cm 土层东西向 300 m、南北向 400 m 附近形成土壤盐分聚积区,而且随着土壤深度的增加土壤盐分逐渐增加,在 60~80 cm 土层土壤含盐量达 2.93%,这是由冻融期刚结束,土壤冻结过程中表层积盐、春季冻土消融过程中浅层土壤返盐所导致的。可见,生育期初表层(0~10 cm)土壤易爆发积盐,表层土壤盐分空间分布具有一定的规律性,土层深度越大,土壤盐分的分布规律越不明显。

2015 年 10 月膜下滴灌棉田各层土壤盐分的空间分布如图 3-18 所示,经过生育期,在 0~10 cm、10~20 cm、20~40 cm、40~60 cm、60~80 cm、80~100 cm 各土层土壤含盐量区间分别为 [0.09%, 3.1%]、[0.09%, 1.59%]、[0.09%, 2.52%]、[0.08%, 3.65%]、[0.08%, 3.61%]、[0.1%, 2.6%],在 0~10 cm 土层,土壤盐分峰值相对于生育期初减少 2.57%,在 20~80 cm 土层,土壤盐分峰值随着土壤深度增加而逐渐增加,生育期表层土壤灌溉使得盐分发生重新分布,在水分的洗淋作用下土壤盐分逐渐向深层土壤迁移。土壤盐分在生育期末空间分布变得更加杂乱,盐分含量的峰谷值交错分布。

2015 年膜下滴灌棉田不同深度土壤盐分均值空间分布趋势如图 3-19 所示,经过一个生育期,不同深度土壤盐分的分布发生较大变化,生育期初在 0~20 cm、0~40 cm、0~60 cm、0~100 cm 土层土壤含盐量分布区间分别为 [0.14%, 4.22%]、[0.14%, 2.85%]、[0.14%, 2.37%]、[0.14%, 2.45%],随着土壤深度的增加土壤盐分呈先降低后增加的趋势;生育期末在 0~20 cm、0~40 cm、0~60 cm、0~100 cm 土层土壤盐分含量分布区间分别为 [0.09%, 2.34%]、[0.09%, 1.86%]、[0.09%, 1.7%]、[0.09%, 1.29%],随着土壤深度的增加,土壤盐分的分布区间呈逐渐减少趋势。生育期内各层土壤盐分空间变化均表现为波浪式分布,生育期末随着土壤深度的增加,土壤盐分的变化幅度逐渐平缓。膜下滴灌棉田生育期初由于经过冻融期积盐和春季返盐,在

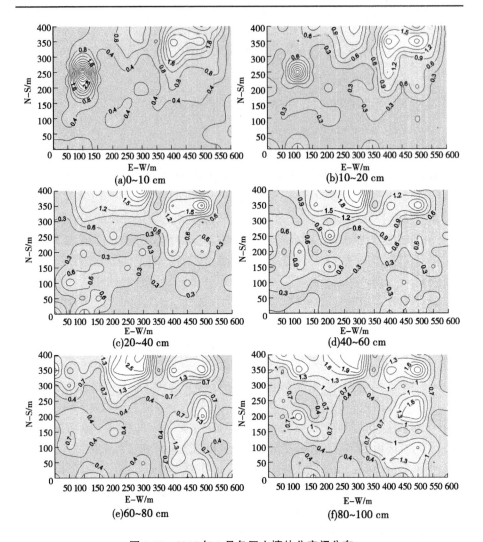

图 3-17　2015 年 4 月各层土壤盐分空间分布

浅层土壤盐分峰谷值差距大；膜下滴灌棉田生育期灌溉淋洗了浅层土壤盐分使其发生重新分布，在生育期末浅层土壤盐分峰谷值差距变小。

3.5.2　土壤盐分的空间分布统计分析

土壤盐分空间分布统计特征分析见表 3-9 和表 3-10，各层土壤盐分变异程度表现为随着土壤深度的增加，逐渐减弱，生育期末（2015 年 10 月）在 0~60 cm 各层土壤盐分的变异程度均低于生育期初，在 0~20 cm、0~40 cm、0~

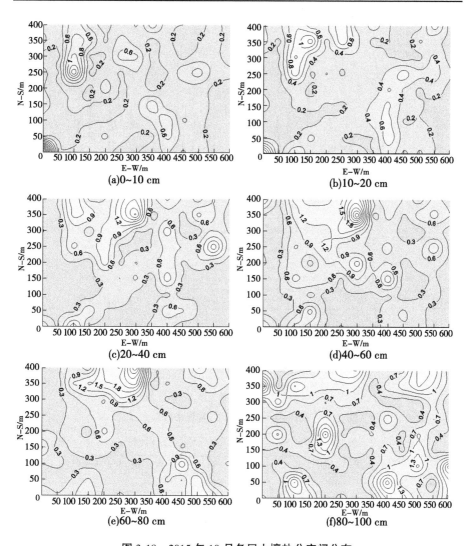

图3-18　2015年10月各层土壤盐分空间分布

60 cm各层土壤盐分均属于强变异程度,0~100 cm土壤盐分为中等程度变异;经过生育期后在0~20 cm、0~40 cm、0~60 cm、0~100 cm土壤含盐量均值分别降低0.2%、0.15%、0.11%、0.1%,生育期末不同深度土壤盐分均值随深度增加而增加,这说明土壤盐分被洗淋至观测深度以下土层中。各层土壤峰度系数和偏度系数随着土壤深度增加逐步降低,表明土壤越深,土壤含盐量分布越接近正态分布形状。

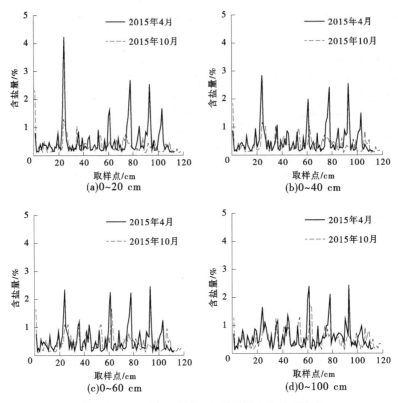

图 3-19　2015 年 4 月与 10 月各层土壤盐分变化

表 3-9　2015 年 4 月不同土层土壤盐分统计特征

土壤深度/ cm	数量	均值/ %	标准差	偏度	峰度	极小值/ %	极大值/ %	变异系数
0	112	0.58	0.74	4.08	21.38	0.09	5.67	1.28
20	112	0.45	0.49	2.53	7.09	0.09	2.78	1.08
40	112	0.52	0.50	1.98	4.95	0.07	2.79	0.97
60	112	0.56	0.53	2.04	5.03	0.07	3.02	0.93
80	112	0.73	0.60	1.35	1.56	0.09	2.93	0.82
100	112	0.77	0.57	1.15	0.86	0.11	2.62	0.74
0~20	224	0.52	0.44	5.68	48.14	0.09	5.67	2.54
0~40	336	0.52	0.49	4.28	29.11	0.07	5.67	1.90
0~60	448	0.53	0.53	3.49	20.06	0.07	5.67	1.51
0~100	672	0.60	0.59	2.49	10.55	0.07	5.67	0.98

表 3-10　2015 年 10 月不同土层土壤盐分统计特征

土壤深度/cm	数量	均值/%	标准差	偏度	峰度	极小值/%	极大值/%	变异系数
0	118	0.31	0.35	5.16	36.22	0.09	3.10	1.12
20	118	0.33	0.27	2.08	5.39	0.08	1.59	0.82
40	118	0.47	0.44	1.82	3.87	0.07	2.52	0.94
60	118	0.58	0.53	2.25	8.72	0.07	3.65	0.91
80	118	0.59	0.55	2.52	8.70	0.08	3.61	0.93
100	118	0.73	0.58	1.18	0.86	0.09	2.60	0.78
0~20	236	0.32	0.23	5.07	45.04	0.08	3.10	2.19
0~40	354	0.37	0.32	3.42	17.88	0.07	3.10	1.72
0~60	472	0.42	0.40	2.92	13.55	0.07	3.65	1.41
0~100	708	0.50	0.49	2.31	7.50	0.07	3.65	0.97

3.5.3　不同耕种年限膜下滴灌棉田土壤盐分变化特征

不同耕种年限的地块统计描述见表 3-11,在 0~100 cm 土壤中,膜下滴灌棉田经过多年耕种后土壤盐分变异程度较大,除 10 年地块属于强变异程度外,其余地块均属于中等偏强变异,连续种植 17 年、12 年、10 年、6 年地块土壤全盐量盐分均值分别为 0.59%、0.39%、0.53%、0.73%,耕种 6 年地块土壤盐分均值最高,耕种 12 年地块土壤盐分含量最低,耕种 17 年地块土壤盐分又回升,土壤年均含盐量随耕种年限的延长呈 V 形变化趋势。由上可知,连续耕种 6~12 年的地块土壤处于脱盐状态,耕种年限 12~17 年地块土壤处于积盐趋势。

表 3-11　不同耕种年限土壤盐分统计描述

种植年限	样本数	均值/%	中值/%	标准差	极小值/%	极大值/%	变异系数
17	421	0.59	0.37	0.55	0.08	5.67	0.94
12	216	0.39	0.26	0.37	0.07	2.35	0.95
10	312	0.53	0.30	0.59	0.07	3.65	1.10
6	108	0.73	0.46	0.64	0.07	2.79	0.89

　　根据新疆地区盐渍化划分标准[125]（见表 3-12），土壤全盐量≤0.25%，为极轻度盐渍化，为Ⅰ类；土壤全盐量在 0.25%～0.4% 为轻度盐渍化，为Ⅱ类；土壤全盐量在 0.4%～0.7% 为中度盐渍化，为Ⅲ类；土壤全盐量在 0.7%～1.2% 为重度盐渍化，为Ⅳ类；土壤全盐量>1.2% 为盐土，为Ⅴ类。连续种植17 年(1998 年)、12 年(2003 年)、10 年(2005 年)、6 年(2009 年)地块处于Ⅳ、Ⅴ类标准水平的为 30.88%、16.21%、18.59%、15.74%，耕种 17 年和 10 年地块土壤全盐量Ⅳ、Ⅴ类标准水平随着耕种年限的延长而逐渐增加，耕种 12 年地块土壤全盐量Ⅳ、Ⅴ类标准水平呈下降趋势，耕种 17 年地块重度盐渍化土壤迅速增加到 30.88%。可见随着耕作年限的延伸，滴灌棉田重度盐渍化土壤所占比例呈上升趋势。

表 3-12　　不同耕种年限土壤全盐量的分级

分级	全盐量/%	各级样本数				各级样本所占比例/%			
		1998 年	2003 年	2005 年	2009 年	1998 年	2003 年	2005 年	2009 年
Ⅰ	≤0.25	149	108	126	58	35.39	50.00	40.38	53.70
Ⅱ	>0.25～0.4	83	31	76	19	19.72	14.35	24.36	17.59
Ⅲ	>0.4～0.7	59	42	52	14	14.01	19.44	16.67	12.97
Ⅳ	>0.7～1.2	77	25	26	10	18.29	11.57	8.33	9.26
Ⅴ	>1.2	53	10	32	7	12.59	4.64	10.26	6.48

3.6　小　结

　　通过对 2011～2015 年 2 000 余个土壤样本数据分析的基础上，研究膜下滴灌棉田生育期土壤盐分迁移规律，主要结论如下：

　　(1)不同盐度土壤脱盐时各处理在 0～40 cm 土层 CK>ZD>YD，土壤盐度越低则耕作层脱盐效果越好；2011～2013 年生育期，高盐度土壤在 0～60 cm 土层年际间强烈积盐；在根区膜间积盐幅度为 YD>ZD>CK，土壤盐度越高，在膜间积盐越重。

　　(2)通过对滴灌棉田生育期土壤水盐与地下水位分析，得出土壤盐分与地下水位之间规律的拟合方程 $y = -0.023\ 66 + 0.108\ 54x - 0.021\ 13x^2$，残差 R^2 为 0.913；土壤水分与地下水位之间规律的拟合方程为 $y = 124.129\ 05 - 68.422\ 91x + 11.071\ 69x^2$，残差 R^2 为 0.782。应用聚类分析生育期初土壤盐分在灌溉前后变化,发现土壤盐分活跃层深度由灌溉前 0~40 cm 降为灌溉后 0~20 cm,灌溉后土壤盐分稳定层深度增加。

(3)对膜下滴灌棉田生育期初末土壤盐分空间分布的统计分析,得出在 0~20 cm、0~40 cm、0~60 cm、0~100 cm 土壤盐分均值生育期末比生育期初分别减少 0.2%、0.15%、0.11%,土壤盐分在空间分布发生变化。连续种植 6 年、10 年、12 年、17 年地块生育期土壤盐分均值分别为 0.73%、0.53%、0.39%、0.59%,种植年限 6~17 年的土壤盐分整体呈现先降后升的 V 形变化,种植 6~12 年地块土壤盐分呈脱盐状态,12~17 年地块土壤盐分表现为积盐趋势;重度盐渍化土壤所占比例随耕作年限增加而呈上升趋势。

第4章　膜下滴灌典型棉田非生育期土壤水盐变化规律

4.1　膜下滴灌棉田非生育期田间土壤温度变化

4.1.1　试验区温度变化特征

　　试验区气温状况如图4-1所示,2014~2015年冬季自2014年11月7日至2015年3月20日气温变化曲线呈V形状态,2014年11月7日气温开始下降,11月25日最高气温降到0℃以下,极低气温出现在12月26日为-29℃,2015年1月29日最低气温为-26℃,此后气温逐渐回升,2月26日最高气温为2℃,直到3月21日最低气温达到0℃。

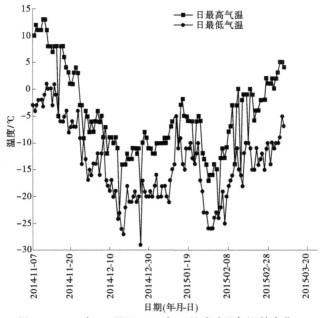

图4-1　2014年11月至2015年3月试验区气温的变化

土壤温度状况如图 4-2 所示,不同土层的土壤温度变化曲线基本相似,表层土壤(5 cm)自 2014 年 11 月 16 日温度开始降到 -2.4 ℃,12 月 12 日降到 -13.2 ℃达到最低点;3 月中旬温度达到 0 ℃以上,土壤开始进入消融期;冻融期 5 cm 土壤温度变化呈 V 形。冻融期在 80 cm 土壤温度也近似呈 V 形变化状态,100 cm 土壤温度在冻融期呈下降趋势,最低气温达到 1.29 ℃。气温与地温在冻融期的变化趋势具有协同性。2015 年 3 月 11 日表层土壤(5 cm)温度开始大于 0 ℃,土壤冻结层开始进入稳定消融阶段,融化深度随着气温的逐渐升高而向深层土壤发展;而 3 月 6 日冻结层锋面 80 cm 土壤温度开始大于 0 ℃,土壤冻结层锋面在深层土壤热量的影响下,土壤冻结层从下层向上逐渐消融直至上下层融化锋面汇合,土壤完全消融。

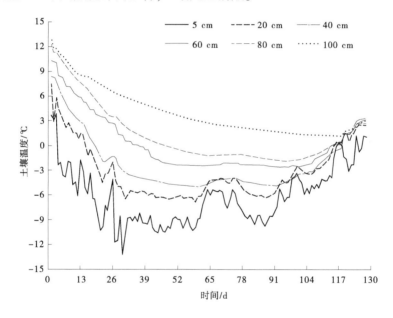

图 4-2　2014 年 11 月至 2015 年 3 月试验区地温的变化

冻融期内最高气温日温差变化达 15 ℃,日最低气温变化幅度达 30 ℃,土壤在 5 cm 处温度变化幅度近 17 ℃,在 20 cm、40 cm、60 cm、80 cm、100 cm 处土壤温度变化幅度分别为 14.24 ℃、13.26 ℃、12.9 ℃、12.7 ℃、11.61 ℃,在冻融期地温变化幅度小,随着土壤深度的增加,土壤温度波动幅度逐渐平缓。

综上所述,冻融阶段土壤温度滞后于大气温度的变化,11~12 月,土壤 0~100 cm 深度范围内温度逐渐下降,不同土层土壤温度差异较大。气温在 12

月26日出现极低值-29 ℃,土壤12月31日达到最大冻结深度80 cm,土壤温度滞后于气温5 d;2月19日气温变化幅度-11~0 ℃,80 cm土层在3月6日土壤温度0 ℃以上,消融期土壤温度的变化滞后于气温15 d。在冻融期,气温变化影响土壤温度变化,土壤温度的变化又比气温的变化滞后,滞后时间随土壤剖面深度的增加而延长,较短持续时间土壤表面气温的变化对深层土壤温度变化幅度的影响较小。

4.1.2 土壤冻结和消融特征

2014年11月13日至2015年3月20日整个冻融期土壤0~100 cm温度变化分析土壤冻结和消融的特征。5 cm土壤在2014年11月16日温度为-2.4 ℃,土壤开始进入冻结阶段。在12月26日达到最低气温-29 ℃,之后土壤于12月31日达到最大冻深80 cm,土壤开始进入稳定冻结阶段;80 cm土层3月6日温度在0 ℃以上,土壤开始进入消融阶段。

膜下滴灌棉田冻融期土壤日温度变化过程如图4-3所示,在3月20日原始测量资料中,表层土壤温度变化幅度大,在上午6:00之前土壤温度大于0 ℃,在6:00之后,土壤温度低于0 ℃,土壤处于微冻状态;上午12:00后土壤温度大于0 ℃,最高达到3.6 ℃;冻融期末受气温日变化幅度的影响,表层土壤温度变化特征为消融—冻结—消融。在40 cm土层,土壤温度最低,该层土壤消融期滞后其他土层。

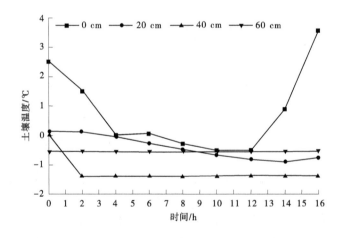

图4-3 消融过程中土壤日温度变化曲线

4.2　非生育期膜下滴灌棉田土壤水热盐分变化特征

4.2.1　非生育期土壤水热盐运移变化特征

初冻期(见图 4-4),土壤剖面含水率变化不同,在 0~40 cm 含水率为 12.5%~18.0%,在 80~100 cm 土壤含水率为 25%,土壤水分呈沿土壤深度的增加而增加趋势;土壤盐分在 0~40 cm 土壤含盐率为 0.10%~0.17%,在 80~100 cm 土壤含盐率为 1.04%~1.23%,土壤含盐率变化与土壤含水率变化具有较强的相关性。冻结初表层土壤水分含量最低,在表层 5 cm 土壤附近开始出现负温,土壤开始冻结,在土层中存在温度梯度,在温度梯度作用下土壤水分向地表迁移,土壤盐分随着土壤水分和温度变化发生迁移。

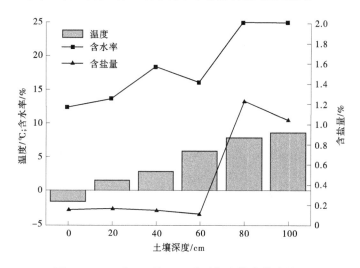

图 4-4　2014 年 11 月 25 日冻融期土壤水热盐关系

冻结发展期(见图 4-5),温度梯度是导致土壤水分、盐分运移的重要因素。随着气温的降低,浅层(0~20 cm)土壤温度降到 0 ℃以下,土壤开始处于冻结发展期。与初冻期相比,在 0、20 cm 土层含水率分别增加 2%、3.5%,可见随着土壤冻结的发展,土壤水分向冻结层逐渐迁移。冻结层(0~20 cm)土壤盐分位于区间[0.16%, 0.17%],在 40~60 cm 土壤盐分为 0.11%,冻结层盐分明显高于相邻土层。土壤盐分与土壤水分变化趋势一致,随着土壤表层温度降低,土壤盐分由未冻结层向冻结层迁移,说明温度梯度是土壤中水分盐分运移的驱动因素。

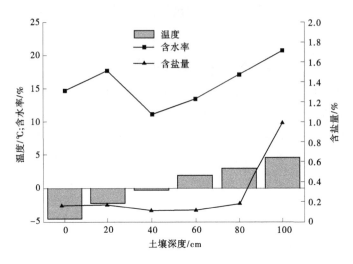

图 4-5   2014 年 12 月 23 日冻融期土壤水热盐关系

冻结稳定期(见图 4-6),土壤冻结深度达到极大值 80 cm。随着土壤温度的降低,未冻层土壤水分向冻结层逐渐运移,土壤盐分随着运移而逐渐迁移。在冻结层 20 cm 处土壤盐分由初冻期的 0.17% 增至稳定冻结后的 0.22%,在冻结层锋面 80 cm 处土壤盐分的含量由初冻期的 0.19% 增至冻结稳定后的 0.23%,在相邻冻结锋面的 100 cm 处土壤盐分由初冻期 1.57% 降为冻结稳定后的 0.835%。可见,在土壤冻结过程中,土壤盐分含量随着土层冻结而增加,膜下滴灌棉田土壤由初冻期发展到冻结稳定期,土壤盐分呈现增加趋势,可见土壤温度和土水势变化是导致土壤冻结过程中积盐的主要因素;土壤水分、盐分在稳定冻结期变化趋势一致。盐随水移是土壤盐分运移变化的主要形式,土壤中盐分运动变化趋势同土壤中水分运动的总趋势具有高度的协同性。

融解期(见图 4-7、图 4-8),随着气温升高,土壤在表层和底部两个方向发生融解。冻结土壤在 2015 年 3 月 9 日至 3 月 19 日溶解过程中,在 0 cm 附近土壤中含水率减少 1%,盐分增加 0.03%,消融过程中表层土壤积盐;在 40 cm 土壤中水分增加 3.5%,盐分减少 0.01%;在 80 cm 土壤水分减少 4%,盐分减少 0.02%。由于气温的升高,表层土壤水分一部分被蒸发,一部分向下迁移到融化锋面处形成滞水现象,土壤水分蒸发而盐分累积在表层。与冻融初(2014 年 11 月 25 日)相比,冻融末在 0~20 cm 土壤盐分增加 0.14%,在

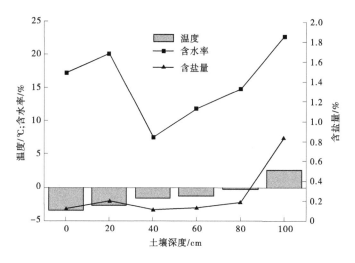

图 4-6　2015 年 1 月 19 日冻融期土壤水热盐关系

20~40 cm 土壤盐分增加 0.03%,在 40~60 cm 土壤盐分增加 0.035%,可见浅层土壤冻融期积盐最严重。

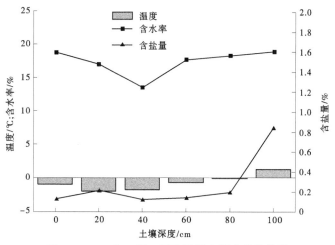

图 4-7　2015 年 3 月 9 日冻融期土壤水热盐关系

4.2.2　冻融期土壤水分盐分的统计特征

冻融期土壤水分统计特征分析见表 4-1。土壤属性具有时空的连续特征,其属性在自然界的变异性是许多相关因素相互作用造成的,具有尺度上的

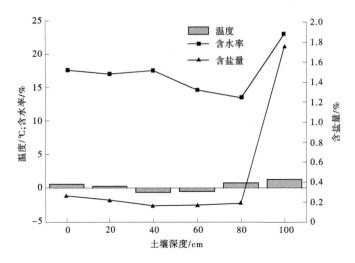

图4-8 2015年3月19日冻融期土壤水热盐关系

相关性[126]。冻融期在冻结和消融影响下,土壤水分变异系数为0.1,属于中等强度,水分变异系数沿剖面深度的增加呈现出先升后降的变化,在0~80 cm土壤中,水分的变异系数位于区间[0.112, 0.257],土壤水分均值位于区间[15.6%, 19.0%],变异系数在40 cm处达到极大值0.257,含水率均值在80 cm达到极大值19.0%。由于在冻结过程中土壤未冻结层水分向冻结层迁移,消融期由于温度升高,在0~20 cm和80~100 cm土壤冻结层均消融,而在40~60 cm还没有消融,上层土壤冰冻层融解后,水分下渗到40 cm土层时受冻结层阻碍产生滞水现象,导致在40 cm土层土壤水分变异程度最强。冻结过程中,土壤水分由非冻结带向冻结带迁移,水分大量集中在冻结层锋面处,冻融期土壤冻融的交替循环,水分蒸发和入渗使得土壤水分呈现出层状分布。

表4-1 冻融期土壤水分统计特征分析

深度/cm	样本数	均值/%	标准差	最小值/%	最大值/%	方差	峰度	偏度	变异系数
0	15	17.7	2.312	14	21	5.344	−1.078	−0.151	0.131
20	15	18.5	2.068	15	21	4.278	−0.968	−0.377	0.112
40	15	15.6	4.006	8	21	16.044	0.054	−0.320	0.257
60	15	16.5	2.273	14	21	5.167	0.097	0.568	0.138
80	15	19.0	3.712	15	25	13.778	−0.747	0.880	0.195
100	15	22.6	2.757	19	27	7.600	−1.191	0.005	0.122

冻融期土壤盐分统计特征分析见表 4-2,在 0~60 cm 土壤盐分变异系数为 0.234~0.390,土壤盐分均值为 0.134%~0.196%,而在 0~20 cm 土壤含盐率均值为 0.187%~0.196%,土壤盐分变异系数呈现出沿剖面深度的增加而逐渐减小的趋势,说明土壤盐分在浅层易发生积盐。在 80 cm 土壤变异系数达到极大值 1.651,该层土壤位于冻结带最下层,土壤中盐分在温度梯度和土水势的作用下由未冻结层向冻结层迁移,土壤盐分变异程度在相同条件下高于土壤水分的变异程度。

表 4-2　冻融期土壤盐分统计特征分析

深度/cm	均值/%	数量	标准差	最小值/%	最大值/%	方差	峰度	偏度	变异系数
0	0.187	10	0.073	0.09	0.31	0.005	−0.914	0.448	0.390
20	0.196	10	0.066	0.11	0.28	0.004	−1.714	−0.003	0.337
40	0.137	10	0.037	0.09	0.19	0.001	−1.368	0.010	0.267
60	0.134	10	0.031	0.10	0.18	0.001	−1.823	0.159	0.234
80	0.397	10	0.655	0.12	2.26	0.430	9.925	3.146	1.651
100	1.224	10	0.555	0.43	1.96	0.308	−1.69	−0.094	0.453

冻融期土壤水分、盐分、温度的相关性分析如表 4-3 所示。通过表 4-3 可知,在冻融期 0~80 cm 土壤水分与盐分呈正相关,土壤温度与土壤水分在 0~20 cm 呈负相关;土壤温度与土壤盐分在 0~60 cm 呈负相关。在 80 cm 土层中土壤水热盐的相关系数大于 0.909,相关性显著。冻融期气温对土壤温度的影响呈递减的趋势,在冻结过程中,土壤经历初期的冻融循环,冻结深度从上向下发展,表层土壤冻结初期冻融交替的状态,盐分随着水分运动不断向冻结层迁移。在融解期,随着气温和土壤温度的升高,土壤处于解冻状态,该段时期外界气温上升快、蒸发强烈,水分蒸发后在表层土壤盐分产生累积。

表 4-3　冻融期土壤水分、盐分和温度 Pearson 相关性分析

深度/cm	项目	盐分	水分	温度
	盐分	1	0.558	−0.350
0	水分		1	−0.640
	温度			1

续表 4-3

深度/cm	项目	盐分	水分	温度
20	盐分	1	0.491	−0.550
	水分		1	−0.892
	温度			1
40	盐分	1	0.687	−0.065
	水分		1	0.557
	温度			1
60	盐分	1	0.237	−0.815
	水分		1	0.103
	温度			1
80	盐分	1	0.909*	0.950*
	水分		1	0.910*
	温度			1
100	盐分	1	−0.177	−0.568
	水分		1	0.602
	温度			1

注: * 表示在 0.05 水平显著相关。

4.2.3　冻融期土壤水分、盐分的动态变化

冻融期土壤含盐量随着土壤温度梯度、土水势梯度的作用而迁移,采用冻结初最低含水率 θ_1、冻结初最低含盐量 c_1、冻结稳定后含水率 θ_2、冻结稳定后含盐量 c_2、消融时最高含水率 θ_3、消融时最高含盐量 c_3,表征各土层土壤含水率、含盐量的动态变化规律,如图 4-9 所示,含水率随着深度增加表现出 S 形变化。在 0~20 cm 土壤水分 θ_3、θ_2、θ_1 的分别为 19.5%、20.5%、14.5%,土壤盐分 c_3、c_2、c_1 的分别为 0.24%、0.225%、0.1%。可见,冻融期浅层土壤盐分处于上升趋势,而浅层土壤水分表现为先增加再下降的变化。在 40 cm 土层土壤含水率 $\theta_3 > \theta_1 > \theta_2$,由于该层土壤消融时间迟于其他土层,地表消融的土壤水分受到阻隔而无法下渗,在 40 cm 土层附近土壤水分含量最高[127-128]。不同时期土壤盐分的变化不同,冻结前土壤盐分沿剖面深度增加而逐渐增加,冻

融后土壤剖面含盐量表现为积盐的变化,土壤盐分在冻融过程中的迁移是造成这种现象的主要原因。

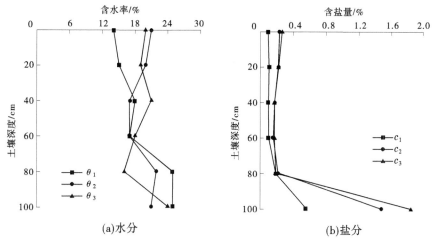

图 4-9　冻融期土壤水盐变化的动态特征

综上所述,在土壤初冻、冻结、消融阶段,在 0~20 cm 土壤水分呈现"上升—下降"的变化,盐分则呈上升状态。季节性冻融对滴灌棉田土壤水盐影响作用显著,土壤水分、盐分在不同土层的相关性不同,各层土壤水盐变异程度不同,耕作层土壤盐分呈中等变异,表层盐分变异高。在温度梯度和土水势梯度的共同作用下,土壤水分和盐分不断向表层迁移,冻结期发生土壤积盐过程。冻融期土壤中积盐较多,春季土壤表层返盐现象严重。冻融期土壤水分运动在很大程度上决定着土壤盐分迁移的趋势,冻融期土壤水分的运移趋势是自下而上运移的,易引起土壤返盐[129]。

4.3　非生育期不同程度盐渍化土壤水盐分布变化

4.3.1　取样条件设置

试验区种植作物为棉花,灌溉制度相同,试验区土壤类型为砂质壤土,试验区冻融监测时间从 2014 年 11 月 13 日至 2015 年 3 月 19 日。试验区自1999 年开始实行膜下滴灌棉田种植,在北疆地区多年耕种膜下滴灌棉田中具有一定的代表性。试验分为 2 个处理,处理 A(土壤全盐量均值 0.7%~1.2%)、处理 B(土壤全盐量均值 0.25%~0.4%),根据新疆地区的盐渍化土壤划分标准[125]，土壤全盐量均值 0.25% ~ 0.4% 为轻度盐渍化土壤；土壤全盐量均值 0.7% ~ 1.2% 为重度盐渍化土壤。为分析冻融对不同盐度土壤水盐运移规律和试验效果，对处理 A、处理 B 地块进行冻融期土壤取样，试验方案见 2.2.3 节。

4.3.2　非生育期不同程度盐渍土壤水分变化规律

由图 4-10 可知，随着气温降低，表层(0 ~ 10 cm)土壤开始冻结，土壤含水率增加，冻结阶段(2014 年 11 月 25 日至 12 月 23 日)表层土壤水分极大值出现时间处理 A 滞后处理 B 约 29 d，冻结前(11 月 13 日)表层(0 ~ 10 cm)处理 A 水分高出处理 B 约 6%。60 cm 土层土壤水分在 2014 年 12 月 23 日出现极小值，处理 A、处理 B 分别为 16%、15%，说明在土壤冻结发展阶段，未冻层水分在土壤温度梯度作用下向冻结层迁移。在冻结期初(2014 年 11 月 13 日)，0 ~ 20 cm、0 ~ 40 cm 土壤含水率处理 A 高出处理 B 为 5.7%、7.83%，在冻融期初各处理沿剖面方向土壤水分变化趋势相近。冻融期末(2015 年 3 月 19 日)，0 ~ 20 cm 土壤处理 A 含水率 21% 大于处理 B 含水率的 11%；处理 A 在 40 cm 土层含水率(29%)远高于处理 B 含水率(12%)，由于冻融期末，膜下滴灌棉田在 40 ~ 60 cm 土层消融速度滞后于其他土层，上层冰冻土壤下渗的水分在 40 cm 土壤附近产生滞水现象导致的。综上所述，不同盐度土壤在冻融初土壤水分波动趋势相近，在冻融末不同盐度土壤水分波动趋势和含量差异扩大。

4.3.3　不同盐度土壤盐分变化规律

由图 4-11 可知，土壤冻结发展期(2014 年 11 月 25 日至 12 月 23 日)在 0、20 cm、60 cm 土层，处理 A 土壤盐分增加 0.38%、0.71%、-0.38%，处理 B 增加 0.14%、0.09%、-0.04%，各处理土壤盐分变化趋势相似，在 0 ~ 20 cm 土壤积盐，在 60 cm 土层出现脱盐，高盐度土壤积盐更强。由于土壤在冻结发展过程中，表层土壤冻结，盐分在温度梯度和土壤水分的作用下向冻结层迁移，造成浅层土壤盐分增加，而其下层土壤较深，温度相对较高，土壤水盐迁移慢，造成该层土壤盐分减小，这与土壤水分在该层的变化趋势一致。

消融期末(2015 年 3 月 19 日)，在 0 ~ 20 cm 土壤盐分与冻结前(2014 年 11 月 13 日)相比处理 A 增加 0.12%，处理 B 增加 0.1%，盐分均呈上升趋势，浅层土壤产生积盐；在 40 ~ 80 cm 各处理土壤盐分沿剖面方向变化趋势和幅度差异性显著。冻融前 0 ~ 100 cm 土壤盐分均值处理 A 和处理 B 分别为 1.21%、0.258%，冻融后处理 A 和处理 B 分别为 1.65%、0.252%，冻融后处理

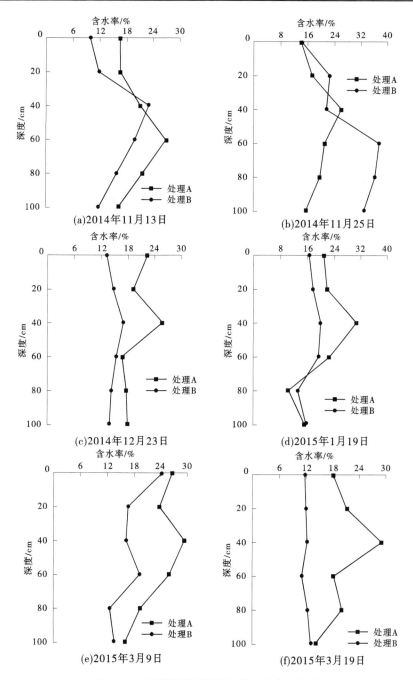

图 4-10　冻融期不同盐度土壤水分分布曲线

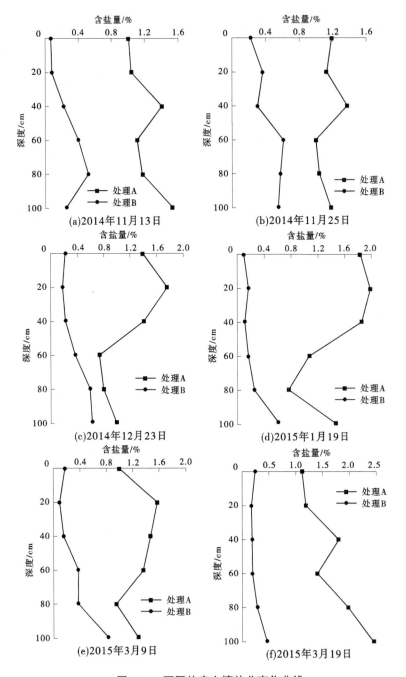

图 4-11　不同盐度土壤盐分变化曲线

A 土壤盐分均值增加 0.44%,处理 B 减少 0.006%。可见冻融对不同盐度土壤产生的影响不同,低盐度土壤在浅层盐分增幅较大,土壤盐分的分布规律和变化差异较大。

4.3.4　冻融期不同程度盐渍化土壤盐分变化分析

定义冻融期末土壤含盐量与冻融期初土壤含盐量的差值与冻融期初土壤含盐量的比值为土壤盐分变化率,分析不同土层盐分变化,负号表示盐分减少。由表 4-4 可知,在土壤浅层(0~20 cm),土壤积盐率处理 B 较处理 A 高出 1.64%,可见冻融期轻度盐渍化土壤在浅层易于积盐。处理 A 在 0~100 cm 土壤剖面内的积盐率为 0.36%,土壤处于积盐状态;处理 B 在 0~40 cm 土壤积盐率高出处理 A 为 0.42%,越靠近表层土壤积盐越明显。综上可知,不同盐度的土壤冻融期积盐趋势不同,轻度盐渍化土壤盐分变化表现为易于积盐和脱盐,重度盐渍化土壤盐分变化趋势为相对稳定积盐状态。

表 4-4　冻融期不同盐渍化土壤盐分变化率

深度/cm	盐分变化率/%	
	处理 A	处理 B
0~20	0.12	1.76
0~40	0.18	0.60
0~100	0.36	−0.02

土壤盐分变异程度由表 4-5 可知,试验区土壤水盐的变异属于中等变异程度,处理 A 和处理 B 的土壤水盐变异程度有明显的差异,处理 A 水盐的变异程度均小于处理 B;各处理土壤盐分的变异程度均高于土壤水分的变异程度,冻融对重度盐渍化土壤水盐的影响更大。

表 4-5　冻融期不同盐渍化土壤水盐统计分析

项目		样本数	均值/%	标准差	方差	极小值/%	极大值/%	变异系数
盐分	处理 A	36	1.36	0.422	0.178	0.73	2.45	0.31
	处理 B	36	0.31	0.191	0.036	0.07	0.83	0.62
水分	处理 A	36	20.32	4.813	23.16	10.28	30.71	0.24
	处理 B	36	17.21	6.662	44.376	9.82	37.3	0.39

总之,不同盐度土壤在冻融期的积盐程度具有较大差异,越靠近表层,轻度盐渍土壤积盐越明显,土壤剖面的积盐状况因土壤盐渍化程度的不同而差异。土壤盐分的变异强度高于土壤水分的变异强度,轻度盐渍土壤盐分变异程度大于盐化土,不同盐渍化程度的土壤在冻融期水盐变化差异显著。轻度盐渍土在 0~40 cm 土壤表现为积盐,0~100 cm 土壤为脱盐状态;重度盐渍土的盐分变化较为稳定,各层土壤均为积盐状态。轻度盐渍土在 0~40 cm 积盐率比重度盐渍土高出 0.42%,越靠近表层土壤积盐率差值越大。

从冻融期土壤盐分的变异程度可以看出,处理 B 盐分变异程度比处理 A 大 1 倍,说明冻融过程中轻盐渍化土壤受其影响易于积盐和脱盐,而重度盐渍化土壤呈稳定的积盐趋势。在冻融期易造成盐分在地表积聚,诱发土壤盐分二次抬升[130-131]。对不同盐度的土壤采取不同的耕作管理方式:采用秋浇方式淋洗土体的盐分[132];在消融期采取深耕等机械手段破碎心土冻结层,促进表层土壤积雪融水水分入渗的同时,也提高了春播期土壤墒情,又能够促使土体盐分顺利下行[133],保障春季棉田幼苗的成活率。

4.4　非生育期膜下滴灌棉田水盐空间分布特征

4.4.1　非生育期滴灌棉田土壤盐分分布规律

膜下滴灌棉田非生育期土壤盐分分布规律的累积频数图如图 4-12 和图 4-13 所示。在非生育期土壤水盐受冻融环境影响而发生变化,土壤水盐分布变化处于动态分布过程中,2014 年 10 月 25 日、2015 年 4 月 10 日对滴灌棉田实施空间尺度取样,取样方案见 2.2.2 节,取 1998 年地块(A、B、C、D、E、F 列)作为研究对象,为了直观地分析冻融对膜下滴灌棉田土壤盐分的影响,土壤含盐量分布采用累积频数图来分析冻融前后土壤盐分分布。

2014 年 10 月 25 日(冻融前),0~10 cm 土壤盐分分布区间为[0.07%,4.42%],10~20 cm 土壤盐分分布区间为[0.08%,1.32%];2015 年 4 月(冻融后),0~10 cm 土壤盐分分布区间为[0.14%,5.67%],10~20 cm 土壤盐分分布区间为[0.1%,2.78%],冻融使表层土壤盐分分布区间变大,冻融导致土壤水盐重新分布。冻融土壤盐分分布概率发生改变,20~40 cm 和 40~60 cm 土壤在 2014 年 10 月含盐量在 1% 以下的分布概率为 72.22%,在 2015 年 4 月含盐量小于 1% 分布概率为 80.77%,冻融改变土壤盐分分布状态;2014 年 10 月在 0~40 cm 土壤含盐量位于区间[0.06%,2.13%],40~60 cm 土壤含盐量

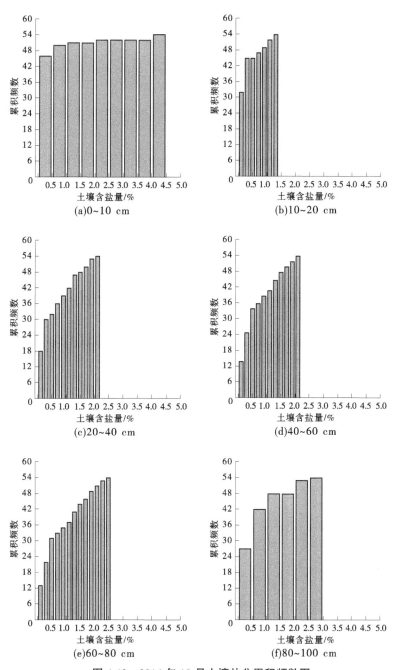

图 4-12　2014 年 10 月土壤盐分累积频数图

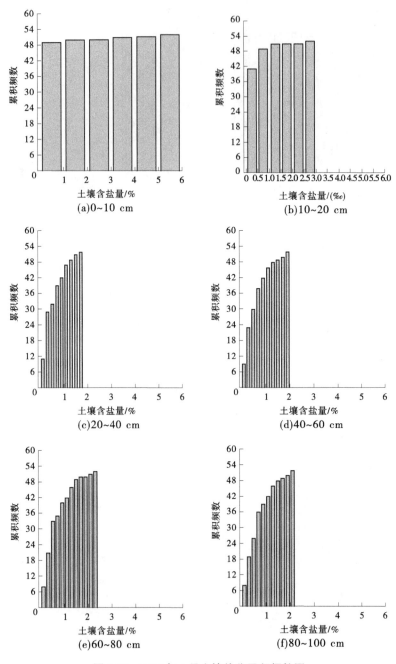

图 4-13　2015 年 4 月土壤盐分累积频数图

位于区间[0.08%,2.15%]。经过一个冻融期,2015 年 4 月土壤含盐量分别为区间[0.11%,1.62%]、[0.1%,1.87%],冻融使得土壤盐分在不同土层发生重新分布,在 40~60 cm 土壤分布区间变窄,土壤含盐量降低,其原因为冰冻土层消融后水分下渗洗淋中层土壤盐分。

2014 年 10 月(非生育期初)和 2015 年 4 月(非生育期末)不同土层土壤盐分空间分布如图 4-14 所示,图中水平坐标表示各土层水平方向取样点,反映土壤盐分在水平方向的空间分布。

由图 4-14 可得出,在 0~10 cm 土层,土壤盐分极大值 5.67%出现在 2015 年 4 月,相比 2014 年 10 月极大值升高了 1.25%;2015 年 4 月极小值 0.14%与 2014 年 10 月相比增加 0.07%。可见,冻融使土壤盐分分布变得更加离散。在 10~20 cm 土层,2015 年 4 月与 2014 年 10 月相比,土壤盐分不仅极大值增加了 1.46%,土壤盐分极小值也增加了 0.03%。0~20 cm 土层的土壤盐分曲线显示,2015 年 4 月土壤盐分含量与 2014 年 10 月相比整体呈上升趋势。冻融使表层土壤盐分含量增加,这严重威胁膜下滴灌棉田春季的幼苗生长和发育。在 20~100 cm 土层,2015 年 4 月与 2014 年 10 月相比,土壤盐分极大值均减小,冻融使深层土壤盐分的空间分布发生改变。这由于在土壤开始冻结时温度逐渐下降,在温度梯度的作用下土壤水分挟带盐分向冻结层迁移;在消融期,冻结层土壤从上下两个方向开始消融,上层土壤积雪和冰冻层消融后水分下渗洗淋深层土壤盐分,随着气温的升高,表层土壤水分蒸发逐渐强烈,水分蒸发后盐分滞留在浅层土壤中。

非生育期滴灌棉田在 0~10 cm 土层土壤含盐量分布如表 4-6 所示,参照新疆地区盐渍化划分标准[125],土壤全盐量<0.25%,为极轻度盐渍化,为Ⅰ类;土壤全盐量在 0.25%~0.4%为轻度盐渍化,为Ⅱ类;土壤全盐量在 0.4%~0.7%为中度盐渍化,为Ⅲ类;土壤全盐量在 0.7%~1.2%为重度盐渍化,为Ⅳ类;土壤全盐量>1.2%为盐土,为Ⅴ类。由表 4-6 可知,在 0~10 cm 土壤 2014 年 10 月土壤盐分处于Ⅳ、Ⅴ类标准水平的约占总数的 18.52%,2015 年 4 月土壤盐分处于Ⅳ、Ⅴ类标准水平的约占总数的 21.16%。可见,膜下滴灌棉田经过一个非生育期特别是冻融的影响,重度盐渍化(含盐量>0.7%)在 0~10 cm 土壤所占样本比例增加 2.7%,重盐度土壤的增加将影响春播期棉花生长和发育。

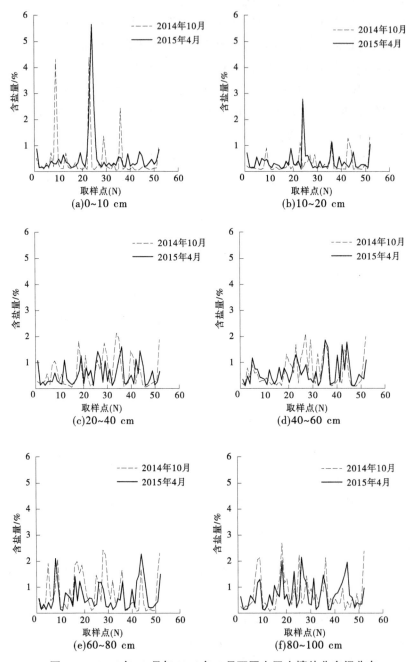

图 4-14　2014 年 10 月与 2015 年 4 月不同土层土壤盐分空间分布

表 4-6　非生育期滴灌棉田 0~10 cm 土壤含盐量的分布

分级	含盐量/%	各级样本数		各级样本所占比例/%	
		2014 年 10 月 20 日	2015 年 4 月 10 日	2014 年 10 月 20 日	2015 年 4 月 10 日
Ⅰ	<0.25	25	15	46.3	28.85
Ⅱ	0.25~0.4	7	15	12.96	28.85
Ⅲ	0.4~0.7	12	11	22.2	21.15
Ⅳ	0.7~1.2	5	9	9.26	17.31
Ⅴ	>1.2	5	2	9.26	3.85
合计		54	52	100	100

注:表中数据误差是由计算误差引起的。

4.4.2　非生育期滴灌棉田土壤盐分统计描述

在非生育期不同深度土壤盐分统计特征见表 4-7。

表 4-7　2014 年 10 月至 2015 年 4 月不同深度土壤盐分统计描述

时间	深度/ cm	数量	均值/ %	标准差	偏度	峰度	极小值/ %	极大值/ %	变异系数
2014 年 10 月	0~10	54	0.43	0.87	3.88	15.24	0.07	4.42	2.01
	10~20	54	0.29	0.35	1.93	2.49	0.07	1.32	1.19
	20~40	54	0.64	0.60	0.98	−0.26	0.06	2.13	0.93
	40~60	54	0.69	0.61	0.95	−0.39	0.08	2.15	0.89
	60~80	54	0.82	0.71	0.81	−0.68	0.09	2.43	0.88
	80~100	54	0.74	0.66	1.44	1.31	0.07	2.70	0.90
2015 年 4 月	0~10	52	0.55	0.86	4.88	26.50	0.14	5.67	1.57
	10~20	52	0.38	0.41	4.19	22.36	0.10	2.78	1.08
	20~40	52	0.54	0.42	0.95	−0.22	0.11	1.62	0.77
	40~60	52	0.61	0.46	1.15	0.69	0.10	1.87	0.75
	60~80	52	0.66	0.53	1.27	1.10	0.11	2.29	0.81
	80~100	52	0.73	0.53	0.99	0.34	0.13	2.15	0.73

由表 4-7 可知,在 2014 年 10 月 0~100 cm 土壤盐分最大均值 0.82% 出现在 60~80 cm 土层,在 2015 年 4 月各层土壤盐分极大均值 0.73% 出现在 80~

100 cm 十层中,经过一个冻融期各层土壤盐分含量出现重新排列;各层土壤盐分变异系数冻融前后整体上呈现上大下小的变化趋势,2014 年 10 月 0~10 cm 土层的土壤盐分变异系数为 2.01,冻融后土壤盐分变异系数为 1.57,各层土壤盐分变异程度冻融后均变弱。冻融前 0~10 cm 土层的土壤盐分均值为 0.43%,冻融后升为 0.55%,在 10~20 cm 土壤冻融期盐分均值增加 0.09%,其他各层土壤含盐量均出现明显下降的变化,说明膜下滴灌棉田经过一个冻融期,各层土壤盐分变异程度变小,盐分在分布空间重新排列,冻融后在 0~20 cm 土层土壤盐分均值增加,浅层土壤处于积盐状态。

4.5 小 结

利用 2014~2015 年非生育期田间试验分析,发现土壤温度变化影响土壤水盐的变化,相关性分析表明冻融期土壤温度与土壤水盐的相关系数不同,土壤温度与土壤水分在 0~20 cm 呈负相关;土壤温度与土壤盐分在 0~60 cm 呈负相关。冻融期不同盐度土壤积盐剖面不同,重度盐渍化土壤积盐深度 0~100 cm,轻度盐渍化土壤积盐深度 0~40 cm。非生育期土壤盐分空间分布分析发现,冻融使土壤盐分在剖面方向再排列,非生育期末 0~10 cm 土壤含盐量大于 0.7% 样本数增加 2.7%,在 0~10 cm、0~20 cm 土壤盐分均值增加 0.12%、0.09%,非生育期在 0~20 cm 土壤盐分处于积盐的变化,越近地表积盐幅度越大,土壤盐分空间分布发生改变。

第5章　秋浇条件下膜下滴灌典型棉田土壤水盐运移特征

新疆地处中国西北干旱地区,气候具有蒸发强烈、干旱少雨的特点,膜下滴灌技术由于能够适应这种环境而得到迅速发展。目前,新疆地区应用膜下滴灌技术已经20多年,应用面积已突破$2×10^6$ hm^2[3],膜下滴灌技术在高效利用水资源和作物增产的同时土壤水盐分布也出现新变化。研究发现棉田的盐分积累随滴灌时间增加而增多[134];应用膜下滴灌4~12年的棉田土壤存在稳定积盐层[135];在膜下滴灌棉田土壤湿润体内呈脱盐变化而在外围呈积盐的趋势[136]。刘洪亮等[137]研究成果表明膜下滴灌棉田在现行种植与灌溉模式下,中度盐渍化土壤发展成重度盐渍化土壤需15~40年。与新疆类似,在世界上其他干旱半干旱地区也存在着非饱和根区积盐问题[138],国外一些学者[139-140]对土壤盐碱化进行了研究,结果表明土壤盐渍化严重威胁干旱区农业的可持续发展及农业生态环境的安全。膜下滴灌由于灌溉水量小,难以充分洗淋土壤中盐分,加之强烈的蒸发和作物的蒸腾作用,盐分在土层中产生累积而无法消除。针对这个问题,有些学者研究了秋浇对土壤水盐运移的影响。梁建财等[141]研究显示秋浇后覆盖可以降低浅层土壤盐分水平。李瑞平等[142]研究发现不同盐渍化土壤秋浇定额差异较大,不同作物的秋浇定额差异也较大。有些学者应用HYDRUS-3D模型模拟不同秋浇灌溉定额对土壤水盐变化的影响,结果认为当秋浇灌溉定额2 250 m^3/hm^2时,能够达到春季棉花种植要求的土壤水盐含量[143]。在干旱与半干旱地区多年膜下滴灌棉田浅层土壤中盐分的累积,严重影响次年棉花生长发育,秋浇可以洗淋平衡耕作层土壤盐分。北疆地区冬季一般自11月开始至次年3月基本结束,冻结期长达5个月,冬季气候干燥、降水量少、蒸发强烈、浅层土壤积盐,为了保证棉花在春播期的正常生长,利用秋季农业用水量少、水源相对丰富的时期,实施秋浇为春播期棉花生长提供适宜的土壤水盐环境。

对于在新疆地区气候环境条件下,随着滴灌棉田土壤盐分的积累,适宜的秋浇淋洗水量对长期膜下滴灌棉田的可持续种植具有重要的现实意义。以新疆地区多年耕种的膜下滴灌棉田为研究对象,研究秋浇条件下土壤盐分运移规律的变化及对土壤盐分的影响,以期合理调控土壤盐分,保障农业增产和农业环境安全。这对新疆地区及其他干旱区合理利用水资源,防治土壤次生盐渍化、实现农业的可持续发展具有重要战略意义。

5.1　取样设置

　　试验区面积 2.6 hm²，自 2001 年开始实行棉田膜下滴灌种植技术，试验区种植棉花模式相同，灌溉制度和施肥标准统一。棉花耕种方式采用一膜两管四行的种植和滴灌布置方式，试验区条田地形平整，棉花灌溉方式为膜下滴灌，对多年膜下滴灌棉田具有一定的代表性。试验布置方式如图 5-1 所示，试验设置分为 2 个处理，处理 A（未实行秋浇试验地）、处理 B（实行秋浇试验地）。为分析秋浇土壤水盐运移分布规律和效果，对处理 A、处理 B 地块进行秋浇后 20 d 和次年苗期土壤取样，秋浇后在处理 A 和处理 B 中实施间距 50 m×50 m 中尺度空间网格法取样，取样方向与棉花种植方向成 10°夹角，保证土壤样品的代表性。

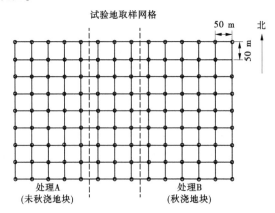

图 5-1　秋浇试验布置

　　秋浇后 20 d 和次年苗期空间分布网格取样，每个取样点自地表向下间隔为 20 cm 取一个样品，分别为 0（0~10 cm）、20 cm（10~20 cm）、40 cm（20~40 cm）、60 cm（40~60 cm）、80 cm（60~80 cm）、100 cm（80~100 cm），每组 6 个样品。空间网格取样分为 10 月 25 日（秋浇后 20 d）、次年 5 月 20 日（苗期）两次，每次共计采集样品 216 个；秋浇定额为 2 400 m³/hm²。膜下滴灌棉田秋浇结束时间为 10 月 5 日。

　　土壤盐分测定。土样在室内利用烘干箱在 105 ℃条件下烘 24 h，将土样碾碎过 1 mm 的筛后配制土水比 1:5 的溶液置于三角瓶中浸泡 30 min，用振荡仪振荡 5 min 后静置 6 h，提取上层清液用电导仪测定土壤电导率值。秋浇后次年春季苗期棉花出苗率测定,测定时间 2016 年 5 月 25 日,在滴灌棉田逐棵清点棉花出苗情况。

5.2 秋浇土壤水分的分布变化

通过图 5-2 可以看出,在实施秋浇 20 d 后,处理 A(未实施秋浇地块)在 0、20 cm、40 cm、60 cm、80 cm、100 cm 土壤含水率分别为 13.26%、15.94%、17.27%、17.94%、15.37%、17.27%,在蒸发作用下,未实施秋浇的膜下滴灌棉田土壤含水率整体较低;处理 B(实行秋浇地块)秋浇后由于土壤水分得到补充,土壤含水率增加,与处理 A 相比在 0~100 cm 土壤各土层含水率分别比处理 A 增加 9.27%、2.76%、1.4%、2.23%、5.59%、4.24%,地表 0 cm 附近土壤水分增加量最大。可见,实行秋浇地块的土壤含水率得到有效提高。

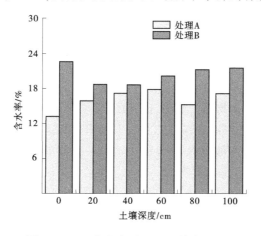

图 5-2 2015 年秋浇后 20 d 土壤水分分布

北疆地区冻融期一般在 3 月下旬结束,4 月中下旬开始播种,耕作层土壤含水率对于膜下滴灌棉田的播种、发芽、幼苗生长都是至关重要的。2016 年苗期各处理土壤水分分布如图 5-3 所示,在 0~20 cm 土层,处理 B 土壤含水率区间[13.52%,18.97%],比处理 A 增加 2.18%~7.63%;在 20~40 cm 土层处理 A 和处理 B 土壤含水率分别为 18.44%、23.88%;在 80~100 cm 土层土壤含水率处理 B 略低于处理 A,这可能是由冻融过程中土壤冻结和消融作用引起土壤水分的重新分布。未实行秋浇地块在蒸发作用影响下,浅层土壤水分不断减少。秋浇地块经过一个冻融过程,在冻结期土壤水分不断向冻结层迁移,使得浅层土壤含水率增加,次年 3 月气温升高、冻土消融后土壤水分下渗,蒸发逐渐增大,使得各处理地表附近土壤水分减少。总体来看,秋浇的膜下滴灌棉田次年苗期耕作层土壤墒情更好,有利于春播期膜下滴灌棉田作物生长发育。

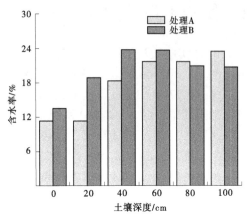

图 5-3　次年(2016年)苗期土壤水分分布

　　秋浇后不同深度土层土壤水分变化如图5-4所示。秋浇20 d后,在0~20 cm、0~40 cm、0~60 cm、0~80 cm、0~100 cm土层,处理 A 土壤含水率分别为14.6%、15.49%、21.47%、15.96%、16.17%,处理 B 土壤含水率比处理 A 增加6.02%、5.48%、5.22%、4.32%、3.33%。随着土壤深度的增加,两个处理土壤含水率差异逐渐变小,秋浇20 d后在0~20 cm土壤水分增幅最大。

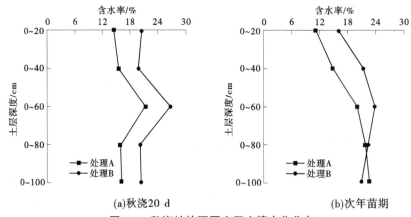

(a)秋浇20 d　　　　　　　　　　(b)次年苗期

图 5-4　秋浇地块不同土层土壤水分分布

　　次年苗期,在0~20 cm、0~40 cm、0~60 cm、0~80 cm、0~100 cm土层,处理 A 土壤含水率均值分别为11.34%、14.89%、20.16%、21.86%、22.75%;处

理 B 土壤含水率均值分别比处理 A 增加了 4.9%、5.53%、3.68%、0.58%、−0.22%。可见,在土层 0~40 cm 土壤水分增幅最强,在 0~60 cm 土壤含水率增加较为明显,在 0~80 cm 土层土壤含水率差异较小,在 0~100 cm 土壤中处理 A 的土壤含水率略高于处理 B 的,这可能与深层土壤质地有关。通过秋浇能够增加膜下滴灌棉田耕作层土壤水分含量,可以改善次年春季苗期土壤墒情,保障幼苗的生长发育。

5.3　秋浇土壤盐分的分布特征

5.3.1　秋浇后 20 d 土壤盐分变化规律

秋浇后 20 d 各层土壤盐分含量均值空间分布见图 5-5,由图 5-5 可知,处理 A(未秋浇地)与处理 B(秋浇地)土壤盐分变化趋势和差异性比较明显。

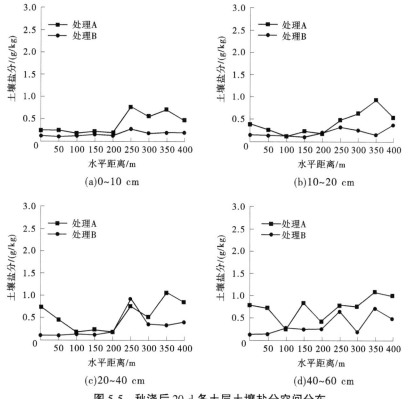

图 5-5　秋浇后 20 d 各土层土壤盐分空间分布

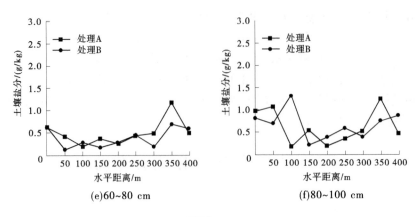

(e)60~80 cm　　　　　　(f)80~100 cm

续图5-5

秋浇后20 d在0~10 cm土层,处理A盐分极小值0.16 g/kg,极大值 0.76 g/kg,处理B土壤盐分极大值0.26 g/kg,处理A土壤盐分的极大值是处 理B的2.92倍;在0~20 cm土层处理B土壤盐分变化幅度较小;在0~20 cm、0~40 cm、0~100 cm土壤盐分含量处理B与处理A相比降低0.28 g/kg、 0.23 g/kg、0.19 g/kg;可能是由于棉田生育期灌水停止后,强烈的蒸发驱使土 壤盐分向上迁移,造成处理A土壤盐分较高;在秋浇作用下,处理B土壤中盐 分得到洗淋。处理B秋浇后在0~60 cm土壤盐分整体上低于处理A,在60~ 80 cm土壤盐分的变化差异较小,在80~100 cm土层处理A和处理B土壤盐 分相互交错,这可能是由于灌溉水量较小,土壤越深受秋浇的影响越小所导致 的。可见,秋浇20 d后处理B土壤盐分在0~20 cm得到较为明显的洗淋,土 壤发生重新分布,在0~60 cm各层土壤盐分均呈现降低,对膜下滴灌棉田实 行秋浇能够起到洗淋土壤盐分的作用。

5.3.2　次年苗期土壤盐分变化规律

次年棉花苗期(2016年5月20日)各层土壤盐分空间分布如图5-6所 示。经过一个非生育期,秋浇地的土壤经过淋洗脱盐、冻结期积盐、春季返盐 等过程,土壤剖面盐分相比未秋浇的棉田均发生了变化。土壤盐分在苗期的 变化、分布、幅度及含量制约棉花出苗和成活,影响到作物的生产效益和经济 效益。已有研究认为,苗期棉花对土壤盐分有高度敏感性。由图5-6可知,处 理B各土层土壤盐分极大值为0.29 g/kg,在0~100 cm土壤含盐量为0.03~ 0.29 g/kg,土壤盐分沿剖面变化幅度较小,变化趋势整体上为沿剖面深度的 增加而递增。说明秋浇后对苗期棉田具有土壤控盐和压盐作用,秋浇后的棉 田满足苗期棉花对土壤盐分要求。处理A土壤盐分在0~10 cm土壤全盐量为 0.55 g/kg,10~20 cm 土壤全盐量为 0.34 g/kg,未秋浇的棉田苗期易发生盐分在土壤表层聚积;在 100 cm 处土壤盐分均值为 0.79 g/kg,未秋浇地块苗期土壤盐分沿剖面深度的增加而呈上升分布趋势。

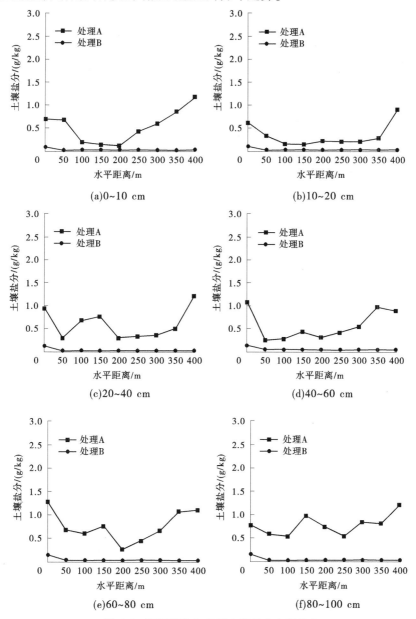

图 5-6　秋浇后次年苗期土壤盐分空间分布

秋浇后次年苗期在 0~20 cm、0~40 cm 土壤处理 A 全盐量为 0.45 g/kg、0.5 g/kg,处理 B 盐分为 0.03 g/kg、0.04 g/kg,在耕作层未秋浇的土壤盐分含量较高。在 0~100 cm 土壤中处理 B 全盐量比处理 A 全盐量减少 0.499 g/kg。综上分析可知,秋浇地块次年苗期土壤盐分影响较大,能够起到压盐作用,秋浇地块苗期土壤盐分降幅大,秋浇后苗期土壤盐分沿剖面方向变化幅度小,减轻土壤春季返盐;与未实行秋浇的棉田相比,苗期土壤盐分量及变化幅度均有较大降低。

5.3.3　土壤盐分剖面变化特征

秋浇后土壤盐分剖面分布如图 5-7 所示,秋浇 20 d 后,未秋浇地块(处理 A)与秋浇地块(处理 B)相比在 0、20 cm、40 cm、60cm 土壤盐分分别增加 0.23 g/kg、0.21 g/kg、0.25 g/kg、0.4 g/kg,秋浇地块浅层盐分被洗淋至深层土壤。秋浇 20 d 后,在 0~60 cm 土层各处理沿土壤剖面方向盐分的变化整体趋势相近;次年苗期处理 A 和处理 B 在各土层土壤盐分差异较大,处理 B 在 0~100 cm 土壤中变化幅度较平缓;处理 A 在地表 0 cm 附近土壤含盐量达 0.55 g/kg,在 20 cm 土层含盐量为 0.34 g/kg,在 100 cm 土壤含盐量为 0.79 g/kg,未秋浇地块在 0~100 cm 土壤盐分变化幅度大,这是由于在非生育期土壤盐分重新分布,土壤冻结层消融后气温升高、蒸发强烈,土壤水分蒸发后盐分留在表层土壤,北疆棉花种植采用干播湿出模式,出苗水灌溉量较大,浅层土壤盐分被洗淋至深层土壤。可见,膜下滴灌棉田实施秋浇地块可以有效调控浅层土壤盐分,未秋浇地块次年苗期土壤表层积盐特征明显。

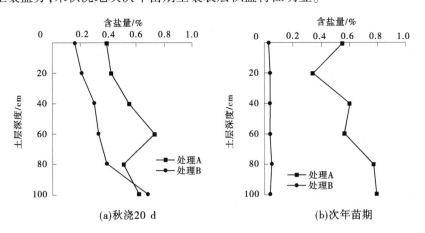

(a)秋浇20 d　　　　　　　　(b)次年苗期

图 5-7　秋浇后土壤盐分剖面分布

5.4　秋浇对多年膜下滴灌棉田效果评价

5.4.1　秋浇土壤盐分的影响评价

定义秋浇 20 d 土壤含盐量与次年苗期土壤含盐量的差值与秋浇 20 d 土壤含盐量的比值为土壤盐分变化率,负号表示土壤盐分增加。由表 5-1 可知,秋浇后次年苗期,在表层(0 ~ 10 cm) 土壤,处理 B(秋浇地) 土壤盐分变化率为 81.25%,表明土壤脱盐,土壤盐分为 0.03 g/kg,由此可见,秋浇洗淋了土壤盐分,次年苗期土壤盐分含量保持在较低的水平;处理 A(未秋浇地) 土壤盐分增加 41.03%,土壤盐分均值 0.55 g/kg,说明经过一个非生育期,未秋浇棉田在次年苗期发生剧烈盐分表聚现象。处理 B 在 0 ~ 100 cm 土壤剖面内的土壤盐分变化率为 80.95% ~ 94.12%,土壤整体处于脱盐状态;处理 A 在 20 cm 土层土壤脱盐率为 19.05%,在其余各层土壤中均处于积盐状态,在地表 0 ~ 10 cm 附近土壤盐分增加 41.03%,这是由于非生育期土壤经过秋后的蒸发、冻融期的积盐、春季的返盐,土壤中盐分向表层运移而造成的。秋浇对次年苗期土壤盐分调控效果显著,对保证棉花生产意义重大。

表 5-1　次年苗期土壤盐分均值相对于秋浇 20 d 的盐分变化率

土壤深度/cm	处理 A			处理 B		
	秋浇 20 d 盐分/(g/kg)	苗期盐分/(g/kg)	盐分变化率/%	秋浇 20 d 盐分/(g/kg)	苗期盐分/(g/kg)	盐分变化率/%
0	0.39	0.55	−41.03	0.16	0.03	81.25
20	0.42	0.34	19.05	0.21	0.04	80.95
40	0.55	0.60	−9.09	0.30	0.04	86.67
60	0.56	0.73	−30.36	0.33	0.04	87.87
80	0.51	0.77	−50.98	0.39	0.05	88.18
100	0.62	0.79	−27.42	0.68	0.04	94.12

对处理 A 和处理 B 在 2016 年苗期土壤盐分进行统计分析(见表 5-2),处理 A 土壤盐分均值为 0.54 g/kg,处理 B 土壤盐分均值为 0.041 g/kg,可见实

行秋浇的膜下滴灌棉田次年苗期土壤盐分含量小于未实施秋浇的土壤盐分含量,秋浇使膜下滴灌棉田形成更有利于作物生长发育的土壤水盐环境。

表 5-2　2016 年 5 月苗期土壤盐分统计分析

项目	数量	均值/ (g/kg)	极小值/ (g/kg)	极大值/ (g/kg)	标准差	方差
处理 A	108	0.54	0.11	1.58	0.409 8	0.168
处理 B	108	0.041	0.02	0.29	0.043 35	0.002

t 检验分析如表 5-3 所示,在 Levene 检验中 Sig. 值为 0.000 1,小于 0.01,说明预设方差相等条件不成立,这与表 5-2 中方差分析相一致。因此,预设的方差不相等条件成立,t 检验的 P 值为 0.000 04,远低于 0.01,秋浇地块与未秋浇地块苗期土壤盐分值差异性极显著。

表 5-3　2016 年苗期土壤盐分统计 t 检验

条件设置	方差方程的 Levene 检验		均值方程的 t 检验						
	F	Sig.	t	df	Sig. (双侧)	均值 差值	标准 误差值	差分的95% 置信区间	
								下限	上限
假设方差 相等	273.307	0.000 1	12.493	214	0.000 3	0.50	0.04	0.42	0.57
假设方差 不相等			12.493	109.394	0.000 04	0.50	0.04	0.42	0.57

　　为了便于对秋浇后次年苗期分布趋势观测,根据土壤含盐量分布情况分类见表 5-4。土壤含盐量≤0.25 g/kg 为Ⅰ类;土壤含盐量在 0.25~0.4 g/kg 为Ⅱ类;土壤含盐量在 0.4~0.7 g/kg 为Ⅲ类;土壤含盐量在 0.7~1.2 g/kg 为Ⅳ类;土壤含盐量>1.2 g/kg 为Ⅴ类。由表 5-4 可知,在苗期棉田土壤 0~20 cm 深度内,处理 A 共采集土样 36 个,其中处于Ⅰ类水平土壤有 20 个,Ⅱ类水平土壤 7 个,Ⅲ类水平土壤 2 个,Ⅳ类水平土壤 5 个,Ⅴ类水平土壤 2 个;处理 B 土壤处于Ⅰ类水平达到100%。处理 A 土壤处于Ⅳ类水平以上的约占其总样本数的 19.45%,而处理 B 土壤全盐量均属Ⅰ类水平土壤。可见,秋浇后土

壤盐分的分布区间变小,秋浇改变了土壤盐分的分布。膜下滴灌棉田苗期浅层(0~20 cm)土壤是棉花幼苗成长的活动区,0~20 cm 土层土壤盐分含量直接影响膜下滴灌棉田幼苗的成长发育,调控浅层土壤盐分对苗期棉花的成长是非常重要的。秋浇可以有效地调控浅层土壤盐分,为棉花的生长发育提供适宜的水土环境。

表 5-4　苗期 0~20 cm 土壤含盐量分布

分级	全盐量/ (g/kg)	各级样本数		各级样本所占比例/%	
		处理 A	处理 B	处理 A	处理 B
Ⅰ	≤0.25	20	36	55.56	100
Ⅱ	>0.25~0.4	7		19.44	
Ⅲ	>0.4~0.7	2		5.56	
Ⅳ	>0.7~1.2	5		13.89	
Ⅴ	>1.2	2		5.56	

注:表中处理 A 样本所占比例的误差是由计算误差引起的。

5.4.2　秋浇对苗期棉花的影响

为了便于观测和管理,在本试验中,田间实施统一管理,所有处理均是一膜两管四行种植模式,统一播种时间在 4 月 25 日。由于 2016 年 5 月上中旬气温比往年偏低,棉花生长缓慢,播种 30 d 后处于幼苗期,在 5 月 25 日棉株均高 15 cm。棉花出苗率和成活率调查结果见表 5-5,处理 B 出苗率最高为 93.3%,幼苗成活率比处理 A 提高了 25.2%。这是由于在棉花苗期,在土壤表层(0~10 cm),处理 B 土壤盐分均值 0.03 g/kg,处理 A 土壤盐分均值为 0.55 g/kg。土壤盐分含量高低是处理 A 和处理 B 的出苗率和成活率差异的主要因素。

表 5-5　秋浇棉田对苗期棉花影响

处理	处理 A			处理 B		
	种植	出苗	成活	种植	出苗	成活
数量	1 000	771	613	1 000	933	865
比例/%	100	77.1	61.3	100	93.3	86.5

试验地开始实行膜下滴灌的棉田至今已耕种了 14 年,新疆地区属于干旱地区,滴灌水量小而不能充分洗淋土壤盐分,强烈蒸发作用使得土壤盐分沿剖面向上迁移,盐分逐年累积,将影响农作物的生产。本书通过研究秋浇对多年

膜下滴灌棉田土壤盐分运移规律的影响后发现,次年苗期,未实行秋浇的棉田在地表附近土壤盐分均含量达 0.55 g/kg,高于实行秋浇的膜下滴灌棉田土壤盐分含量。相关研究发现膜下滴灌棉田秋浇后春季在 0~60 cm 土层含盐量较低[143];秋浇将盐分淋洗至土壤深层[144],有些学者认为秋浇对苗期土壤盐分效果不大[145],本书研究发现,秋浇作用的持续时间长,在秋浇定额为 2 400 m³/hm² 时,次年苗期的土壤盐分与秋浇 20 d 相比土壤脱盐率≥74.78%,提高棉花的出苗率和成活率。

新疆地区地处西北干旱区,水资源匮乏,实施和布置秋浇,要按照水资源供需状况而调整,根据土壤盐度合理安排秋浇[142]。由于北疆膜下滴灌棉田一般是冻结前(11 月初)翻耕土地,11 月中旬冻结层形成,次年化冻后(4 月中下旬)即进行种植,以便于冬季雪水入渗,补充土壤水分,由于冬灌一般在 11 月中下旬实施,农田耕作时间上不便于冬灌的安排。与冬灌相比,秋浇更能够适应农田耕作时间安排,秋浇利用水资源相对丰富的秋后时节,灌溉水源能够得到保障,在当前情况下,秋浇是减轻土壤盐渍化程度的重要措施。

土壤盐分的运移是非常复杂的,本书在有限的试验采集数据基础上进行分析,由于受气候、环境、地下水位、土壤盐渍化程度等因素影响,土壤盐分运移和分布也将发生变化。今后应当加强对膜下滴灌棉田气候、土壤盐渍化程度、土壤主要有害离子分布、地下水位及其他因素进行持续监测,研究秋浇的模式、秋浇的循环周期,秋浇和季节性冻融的相互作用,土壤盐分运移和分布变化,保障干旱区农业可持续发展。

5.5 小 结

(1)秋浇试验发现,与未秋浇地块相比,秋浇 20 d 后在 0~20 cm、0~40 cm、0~100 cm 土层土壤盐分分别减少 0.28 g/kg、0.23 g/kg、0.19 g/kg,土层越浅则秋浇洗盐作用越强;次年苗期在 0~100 cm 土层秋浇地块全盐量比处理 A 减少 0.499 g/kg;次年苗期在 0~20 cm、0~40 cm、0~60 cm 土壤秋浇地块土壤水分含量比处理 A 分别增加了 4.9%、5.53%、3.68%。可见,秋浇可有效提高次年苗期土壤墒情,调控土壤盐分。

(2)t 检验表明,秋浇地块与未秋浇地块在苗期土壤盐分极显著差异。苗期 0~20 cm 土层取样点土壤盐分分布统计分析发现,秋浇地块土壤盐分均小于 0.25 g/kg,未秋浇地块含盐量大于 0.25 g/kg 占总数的 44.44%,秋浇对浅层土壤盐分淡化作用显著。

第 6 章　膜下滴灌棉田排盐沟试验研究

新疆地处我国西北干旱地区,属于温带大陆性气候,具有气候干燥、蒸发强烈、降水量少、温差大、光照充足的特点,年均降水量 145 mm 左右。水资源短缺和土壤盐渍化是制约新疆农业生产的两大重要因素,膜下滴灌技术增产、节水效果明显,在新疆农业生产中迅速发展,目前膜下滴灌棉田耕种面积已突破 2×10^6 hm^2。膜下滴灌棉田土壤水盐运移规律与传统地面灌溉技术相比,存在较大差异,膜下滴灌灌溉水量小,土壤盐分向湿润锋界面迁移,在干旱少雨和强烈蒸发共同作用下,土壤盐分又向地表迁移,而膜间土壤裸露受蒸发作用影响更大,盐分累积更加明显。膜下滴灌棉田土壤次生盐渍化问题,引起了许多学者的重视。李夏等[146]利用 1985~2014 年土壤普查数据和卫星遥感数据对玛纳斯灌区土壤盐渍化程度分析发现,在 1985~2014 年,玛纳斯灌区盐渍化土壤面积从 0.043×10^6 hm^2 增加到 0.079×10^6 hm^2。由于受到自然环境和气候的影响,加之滴灌模式下棉田灌溉水量小,土壤盐分长期得不到洗淋,盐分在土壤耕作层长年积累,这将严重影响新疆地区滴灌棉田生态环境和发展。长期膜下滴灌棉田土壤次生盐渍化问题、干旱区地区非饱和土壤根区积盐问题[138,147]研究及解决措施是当前一个亟待解决的问题。有些学者进行棉田应用暗管驱盐的研究[148],研究排盐时盐分迁移的机制与效果,但是暗管排盐技术由于受投资、耗水量、使用年限等限制,目前还处于试验研究阶段。膜下滴灌棉田在膜间实施排盐沟技术,是一种见效块、投资省,且能与现行种植模式相结合,是棉花种植户易于接受的一种方式,具有广泛的推广应用前景。在此基础上,本试验采用在膜间设置不同深度的排盐沟,研究在生育期不同深度排盐沟土壤水盐分布,并对不同深度排盐沟的排盐效果进行分析,为农业生产提供理论和技术支持。

6.1　排盐沟试验气候条件

北疆地区膜下滴灌棉田土壤水盐状况受气候、土壤、植被、农业生产等因素的影响,一般来讲土壤水盐变化受气候的影响较大,气候条件不同,土壤水盐运移和分布的规律也不同。试验方案见排盐沟试验土壤水盐测定。

　　棉花生育期试验区降水量如图 6-1 所示,2016 年春季气温变化波动幅度较大,棉花春播期较往年略晚,棉花生育期试验区降水量和蒸发量观测时间为 2016 年 5 月 1 日至 9 月 18 日。全生育期降水量 147.6 mm,6 月降水量为 39 mm,7 月降水量最高达 47 mm,6 月和 7 月的降水量之和占生育期总降水量的 58.27%,2016 年棉花生育期总降水天数为 24 d。

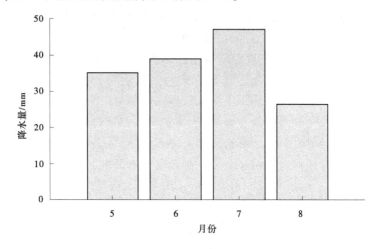

图 6-1　2016 年棉花生育期月降水量

　　试验区膜下滴灌棉田生育期蒸发量如图 6-2 所示,棉花生育期水面蒸发量 E_{20} 为 834.4 mm,蒸发量远远大于降水量,蒸发强度最大值出现在 7 月。

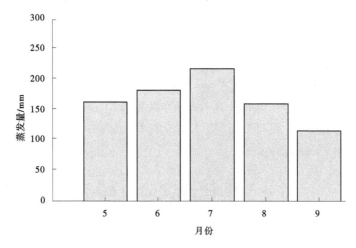

图 6-2　2016 年棉花生育期月蒸发量

6.2　排盐沟土壤盐分分布特征

6.2.1　排盐沟土壤盐分剖面分布

深度为 10 cm、20 cm、30 cm 的排盐沟分别用 $h(10)$、$h(20)$ 和 $h(30)$ 表示,土壤盐分剖面分布如图 6-3 所示。5/2,$h(10)$ 表示 5 月 2 日取样深度为 10 cm 排盐沟土壤含盐量分布;水平方向 0 cm 是指滴头下方土壤,40 cm 处是指膜边区域(排盐沟边)。由图 6-3 中可以看出,在滴头下方土壤含量较低,形成盐分淡化区域,$h(10)$ 的排盐沟,在滴头下土壤淡化区域深度达 30 cm,在灌溉水分作用下土壤含盐量分布呈现自滴头处沿斜线向下,土壤盐分向下迁移。在 $h(20)$ 时滴头下土壤盐分淡化区域比 $h(10)$ 小,垂向土壤盐分淡化深度约 20 cm,水平方向 20 cm,土壤盐分分布沿滴头向排盐沟倾斜,土壤盐分慢慢向排盐沟周边汇聚运移,随着土壤深度的加深,盐分呈现出向深层次运移的趋势,土壤盐分呈现向深层或向排盐沟双向运移的趋势。在 $h(30)$ 的排盐沟土壤盐分分布趋势与 $h(20)$ 时相似,土壤盐分向下移和侧向排盐沟运移趋势更加明显,在排盐沟附近出现峰值 0.59%,形成盐分聚积区。这可能与排盐沟规格、蒸发和气候有关。

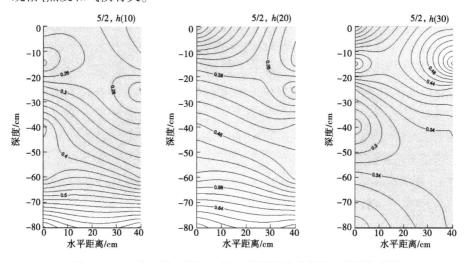

图 6-3　2016 年 5 月 2 日与 7 月 25 日排盐沟土壤盐分剖面分布图

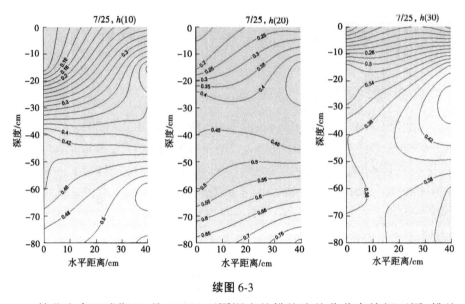

续图 6-3

棉花生育旺盛期(7 月 25 日)不同深度的排盐沟盐分分布特征不同,排盐沟附近土壤盐分峰值并不全位于排盐沟表层,排盐沟深度 10 cm 和 20 cm 的土壤盐分峰值位于排盐沟下 40 cm 处;排盐沟深度 30 cm 土壤盐分峰值区位于排盐沟附近。不同深度排盐沟土壤盐分迁移的趋势差异较大,$h(10)$ 排盐沟土壤盐分峰值出现向上层运移的趋势;在 $h(20)$ 排盐沟的剖面土壤盐分整体上呈现由上向下递增的变化,水平方向土壤盐分表现出明显向膜间运移的分布趋势,土壤盐分在底层附近和排盐沟附近都产生聚积,但是底部聚积更严重,土壤盐分峰值没有表现出明显的上移趋势;与 5 月 2 日相比,$h(30)$ 的土壤盐分峰值向下迁移至排盐沟附近。在相同灌溉技术和管理方式条件下不同深度排盐沟水盐分布特征 5 月 2 日和 7 月 25 日土壤盐分分布差异较大。整体上在排盐沟附近区域,土壤盐分具有向排盐沟附近逐渐迁移的趋势。由于土壤盐分运移复杂,空间分布变异程度强,土壤盐分存在分布差异也是无法避免的,膜下滴灌棉田不同深度排盐沟土壤盐分的分布规律有许多方面还不很明显,这需要进行进一步的试验和研究。

6.2.2　生育期不同深度排盐沟土壤盐分变化特征

膜下滴灌棉田不同深度排盐沟生育期在 0~25 cm、40~80 cm、0~80 cm 土壤盐分随时间分布变化特征如图 6-4 所示。滴头下各处理在 0~25 cm 土壤盐分均表现为随着时间推移土壤盐分含量逐渐下降,滴灌土壤盐分在水分作用下向湿润锋边缘迁移,在滴头下方形成土壤盐分含量较低淡化区域,在 6 月 30 日膜边土壤盐分含量均较高,在 0~25 cm 土壤中,$h(10)$、$h(20)$ 和 $h(30)$ 排盐沟滴头土壤含盐量位于区间[0.23%,0.28%],膜边土壤盐分含量位于区间[0.31%,0.59%],各处理膜间土壤盐分均明显高于滴头处,不同深度排盐沟膜边土壤盐分含量为 $h(30)>h(20)>h(10)$,排盐沟 $h(30)$ 比 $h(20)$ 的膜边土壤盐分高 0.03%,两者差距不大,整体来说,深度较大的排盐沟排盐效果更好。

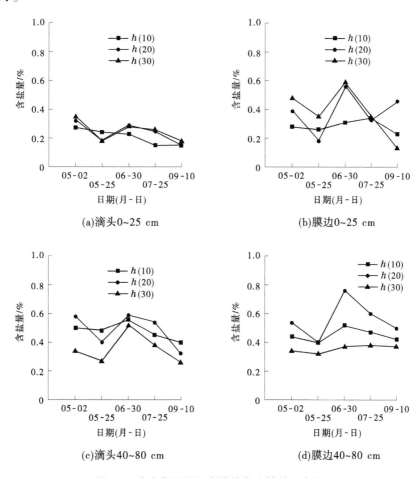

图 6-4　生育期不同深度排盐沟土壤盐分变化

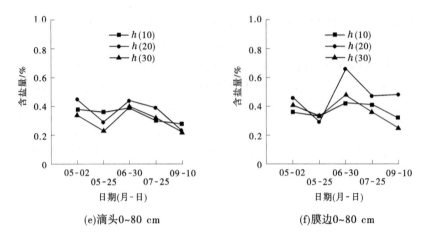

(e)滴头0~80 cm   (f)膜边0~80 cm

续图6-4

　　膜下滴灌棉田覆膜隔断了地面与大气的通道,由于膜间土壤裸露,在蒸发作用下土壤水分挟带盐分向膜间运移,水分蒸发后盐分留在表层土壤中,$h(20)$和$h(30)$排盐沟土壤裸露面积较大,土壤盐分聚积现象比$h(10)$排盐沟更强,在棉花生长旺盛期,强烈蒸腾作用使土壤盐分向膜间聚集更加明显,其后在灌溉作用下土壤盐分呈下降趋势,8月20日停止灌水后直到9月10日结束时,在0~25 cm土层,土壤中$h(10)$、$h(20)$和$h(30)$排盐沟膜边土壤盐分含量分别为0.23%、0.46%、0.13%。$h(20)$排盐沟在膜下滴灌棉田生育期末排盐沟附近土壤盐分含量最高。与生育期初(5月2日)相比,$h(10)$、$h(20)$和$h(30)$排盐沟膜边土壤盐分变化幅度为−0.02%、0.13%、−0.35%。综上所述,膜下滴灌棉田不同梯度排盐沟中深20 cm排盐沟的排盐效果最好。

　　不同深度排盐沟土壤盐分统计分析见表6-1和表6-2,土壤盐分变异强度各处理均为中等程度。在滴头下,在$h = 20$ cm排盐沟土壤盐分变异程度最大,说明在生育期内$h = 20$ cm排盐沟土壤盐分变化剧烈。各处理的膜边土壤盐分变化较大,在$h = 20$ cm、$h = 30$ cm排盐沟膜边土壤盐分变异程度为浅层(0~25 cm)大于深层(40~80 cm);在0~25 cm土壤随着排盐沟深度增加土壤盐分变异程度逐渐变强,土壤盐分均值$h(20) > h(30) > h(10)$,这是由于$h(20)$的排盐沟深度更有利于土壤盐分向膜边迁移而导致膜边土壤盐分均值最高;$h(10)$、$h(20)$、$h(30)$的排盐沟生育期内膜边土壤盐分比滴头处土壤盐分增加了0.077%、0.146%、0.128%,在排盐沟深度为20 cm时向膜边0~25

cm 土壤排盐最强,说明 20 cm 排盐沟排盐更加明显。

表 6-1　排盐沟各处理滴头下土壤盐分统计分析

土壤深度/cm	排盐沟深度/cm	均值/%	标准差	偏度	峰度	极小值/%	极大值/%	变异系数
0~25	10	0.207	0.079	−0.026	−1.605	0.100	0.330	0.382
	20	0.237	0.113	0.708	−0.972	0.090	0.420	0.476
	30	0.250	0.114	0.388	−0.651	0.090	0.470	0.456
40~80	10	0.477	0.118	−0.112	−0.158	0.260	0.670	0.247
	20	0.484	0.147	−0.257	−0.582	0.220	0.710	0.304
	30	0.353	0.124	1.550	3.778	0.190	0.700	0.353
0~80	10	0.477	0.116	0.427	0.833	0.260	0.670	0.243
	20	0.361	0.180	0.303	−1.013	0.090	0.710	0.499
	30	0.301	0.128	0.837	1.893	0.090	0.700	0.425

表 6-2　排盐沟各处理膜边土壤盐分统计分析

土壤深度/cm	排盐沟深度/cm	均值/%	标准差	偏度	峰度	极小值/%	极大值/%	变异系数
0~25	10	0.284	0.075	−0.178	0.026	0.130	0.410	0.263
	20	0.383	0.149	−0.321	−0.565	0.090	0.630	0.391
	30	0.378	0.174	−0.259	−1.088	0.110	0.630	0.461
40~80	10	0.449	0.109	0.429	−0.510	0.290	0.650	0.243
	20	0.561	0.166	0.195	−1.102	0.280	0.810	0.295
	30	0.357	0.057	0.420	0.624	0.250	0.480	0.159
0~80	10	0.367	0.125	0.536	0.040	0.130	0.650	0.339
	20	0.284	0.075	−0.178	0.026	0.130	0.410	0.263
	30	0.383	0.149	−0.321	−0.565	0.090	0.630	0.391

6.3　不同深度排盐沟对棉花的影响

6.3.1　排盐沟深度对棉花产量的影响

　　膜下滴灌棉田不同深度排盐沟与棉花单株产量的关系见图6-5,不同深度排盐沟的单株棉花平均产量位于 32.978~40.864 g;棉花产量大小关系为 $h(20)>h(10)>h(30)$,平均产量为 38.2 g,在排盐沟深度为 20 cm 时棉花产量最高,生育期未使用化肥。

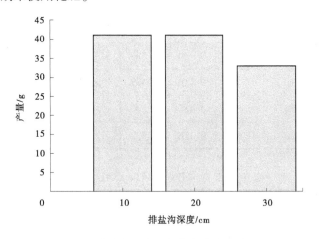

图 6-5　排盐沟深度对棉花产量的影响

6.3.2　排盐沟深度对棉花株高的影响

　　膜下滴灌棉田排盐沟深度与棉花高度之间的关系如图6-6所示,棉花高度位于区间[84.25 cm,90.375 cm],棉花高度大小关系为 $h(20)>h(10)>h(30)$,棉花平均高度87.67 cm,排盐沟深度为 20 cm 时棉花高度最大,生育期内没有对棉花进行打头处理。

6.3.3　排盐沟深度对棉花棉铃数量的影响

　　膜下滴灌棉田排盐沟深度与棉花棉铃数量之间的关系如图6-7所示,棉花棉铃数量位于区间[8,9],棉铃数大小关系为 $h(30)>h(20)=h(10)$,平均每棵棉花棉铃数量8.3 个,排盐沟深度为 30 cm 时单棵棉花棉铃数最多,生育期内没有对棉花进行施肥。

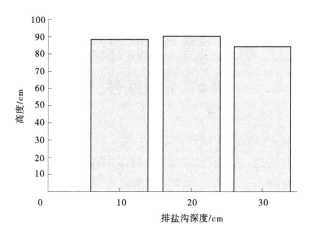

图 6-6　排盐沟深度对棉花高度的影响

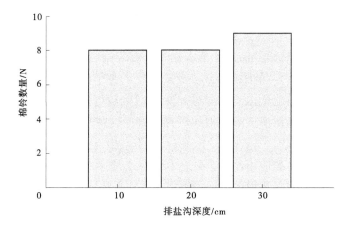

图 6-7　排盐沟深度对棉花棉铃数量的影响

6.4　小　结

利用种植试验研究膜间设置排盐沟土壤盐分的分布特征,得出在排盐沟边 0~25 cm 土壤中,深度 10 cm、20 cm、30 cm 排盐沟与生育期初相比,生育期末膜边土壤盐增幅为 $h(20)>h(10)>h(30)$;在滴头下形成土壤盐分淡化区;应用统计分析发现生育期膜边土壤盐分均值 $h(20)>h(30)>h(10)$。棉花产量 $h(20)>h(10)>h(30)$,棉花高度 $h(20)>h(10)>h(30)$。结果表明,深度 20 cm 排盐沟的排盐效果和产量最佳。

第7章　膜下滴灌棉田排盐
技术数值模拟

干旱地区水资源是农业生产的基础,水资源短缺与水资源供需矛盾突出是干旱区农业面临的一个难题,合理利用有限的水资源,满足作物的生产需求是目前比较关注的一个课题。在膜下滴灌状态下,土壤水分点源入渗,水分可以渗入到作物根系区域,有效减少作物的蒸发蒸腾量,具有保温、节水、抑盐等效果。膜下滴灌棉田灌溉水量较小,在作物根系形成一个有利于作物生长的土壤湿润体,土壤盐分得不到充分淋洗,随着膜下滴灌棉田农业生产逐年进行,土壤盐分逐渐累积将导致土壤次生盐碱化。膜下滴灌土壤水盐运移变化规律是非常复杂,进行大田试验获取土壤水盐分布数据,研究膜下滴灌棉田土壤水盐分布规律,是滴灌棉田土壤水盐管理方式制定的重要举措,但是受观测条件、资源和时空尺度的限制,土壤水盐变化的细节还是不够全面,而数值模拟能够反映土壤水盐变化的过程对此能够起到较好的补充,因此科研人员越来越多地借助计算机模型来模拟和研究土壤中这些复杂的变化过程为科研工作提供指导。

早期的数值模拟应用经验公式分析在一定条件下土壤水分的运移,土壤的异质性和水力传导系数的差异,使得经验分析法研究土壤水分运移的模拟受到诸多条件的限制,且分析结果误差较大。随着计算机技术的发展,利用有限元法、改进的 Richards 方程来表达水流运动的达西方程,采用对流弥散方程表示溶质和热运动,模拟饱和与非饱和条件下土壤水、热、盐的分析计算,HYDRUS-2D 是这些模型中应用非常广泛的一种。

具有科学的记录和评价功能[149]的 HYDRUS-2D 软件于 1999 年开始推出,具有广泛的接口能力,能够模拟饱和与不饱和的土壤水,各种覆盖或裸露的条件下土壤水分、溶质和热量的变化;可以处理不规则边界条件。HYDRUS-2D 模型采用二维有限元来量化因素的作用,通过土壤的物理参数来模拟土壤水、热、溶质在非饱和土壤中的运移。在当前众多计算机模拟土壤水盐运移的软件中,HYDRUS-2D 无疑是一种比较成熟的模拟软件。

HYDRUS-2D 能够灵活地模拟不同环境,处理各类边界条件,如大气和自由排水边界、定水头和变水头边界、定流量和变流量边界等，HYDRUS 模型已经广泛应用于土壤水盐运移研究[150-152]。本章主要结合第 6 章排盐沟技术试验研究，利用数值模拟方法揭示膜下滴灌棉田不同深度排盐沟土壤水盐运移规律，采用试验实测数据与模拟值进行对比来分析数值模拟的可靠性，探索利用数值模型研究和预测排盐沟土壤水盐运移规律。

7.1　数学模型的建立

7.1.1　水分运移方程

膜下滴灌棉田灌溉方式下水分在土壤中形成点源入渗，用 Richards 方程描述水分运移数学模型：

$$\frac{\partial \theta(x,z,t)}{\partial t} = \frac{\partial}{\partial x}\left[K(\theta)\frac{\partial h(\theta)}{\partial x}\right] + \frac{\partial}{\partial z}\left[K(\theta)\frac{\partial h(\theta)}{\partial z}\right] - S \qquad (7\text{-}1)$$

式中：$\theta(x,z,t)$ 为土壤体积含水率，cm^3/cm^3；t 为时间坐标，d；$K(\theta)$ 为非饱和土壤导水率；$h(\theta)$ 为吸力水头，mm；z 为垂直距离，cm；x 为水平距离，cm；S 为根系吸水量强度。

水分运移模型中 S 表示二维根系吸水模型，Feddes 等定义 S 为

$$S(h) = \alpha(h)S_p \qquad (7\text{-}2)$$

其中：

$$S_p = b(x,z)S_t T_p \qquad (7\text{-}3)$$

$$b(x,z) = \left(1 - \frac{z}{Z_m}\right)\left(1 - \frac{x}{X_m}\right)e^{-\left(\frac{p_z}{Z_m}|z^* - z| + \frac{p_x}{X_m}|x - x^*|\right)} \qquad (7\text{-}4)$$

$$\alpha(h) = \begin{cases} \dfrac{h_1 - h}{h_1 - h_2} & h_2 < h \leqslant h_1 \\[2mm] \dfrac{h - h_4}{h_3 - h_4} & h_4 \leqslant h \leqslant h_3 \\[2mm] 1 & h_3 < h \leqslant h_2 \\[2mm] 0 & 其他 \end{cases} \qquad (7\text{-}5)$$

式中：$\alpha(h)$ 为土壤水势对根系吸水率的响应函数，$0 \leqslant \alpha(h) \leqslant 1$；$S_p$ 为潜在根系吸水速率，cm^3/d；$b(x,z)$ 为根系分布函数；S_t 为与土壤蒸腾相关的表面宽

度, cm; T_p 为潜在蒸腾量, cm³/d; X_m、Z_m 分别为根系在 X 方向、Z 方向的最大长度, cm; x、z 分别为任意点在 X 方向、Z 方向到树干的距离, cm; x^*、z^* 分别为根系最大密度点在 X 方向、Z 方向坐标距离, cm; p_x、p_z 为经验常数; h_1 为土壤在根系吸水厌氧点的负压值; h_2 为土壤在根系吸水最佳点初始所对应的负压值; h_3 为土壤在根系吸水最佳点结束所对应的负压值; h_4 为土壤在根系吸水凋萎点所对应的负压值。

土壤水分参数采用 van Genuchten 方程, 该模型为

$$\theta(h) = \begin{cases} \theta_r + \dfrac{\theta_s - \theta_r}{[1 + | \alpha h |^n]^m} & h < 0 \\ \theta_s & h \geq 0 \end{cases} \tag{7-6}$$

$$K(h) = K_s S_e^l [1 - (1 - S_e^{l/m})^m]^2 \tag{7-7}$$

其中:

$$S_e = \frac{\theta - \theta_r}{\theta_s + \theta_r} \tag{7-8}$$

$$m = 1 - 1/n, n > 1 \tag{7-9}$$

式中: K_s 为土壤的饱和导水率; θ_r 为土壤残余含水率; θ_s 为土壤饱和含水率; α 为进气值的倒数; n 和 m 分别为方程拟合参数; l 为土壤空隙连通性参数, l 一般取均值0.5。

7.1.2 溶质运移方程

$$\frac{\partial(\theta_c)}{\partial t} = \frac{\partial \left[\theta D_{ij} \dfrac{\partial c}{\partial x_j} \right]}{\partial x_i} - \frac{\partial(q_i c)}{\partial x_i} \tag{7-10}$$

式中: θ 为土壤含水率, g/cm³; t 为时间, min; D_{ij} 为扩散度, cm²/min; q_i 为水流通量, cm/min; c 为溶液质量浓度, g/cm³; x_i 为空间坐标 ($i = 1, 2$), $x_1 = x, x_2 = z$, $D_{11} = D_{xx}, D_{12} = D_{xz}$。

7.1.3 初始条件和边界条件

7.1.3.1 初始条件

排盐沟计算区域的初始含水率、含盐量分布条件为 $\theta_0 = \theta_{in}, c_0 = c_{in}$ 模型模拟区域土壤初始含水率、溶质浓度(含盐量)分布如表7-1所示。

表 7-1　土壤初始水盐含量　　　　　　　%

项目	不同土壤深度(cm)水盐含量					
	0~5	5~15	15~25	25~40	40~60	60~80
盐分	0.21	0.31	0.26	0.30	0.39	0.51
水分	10.44	17.53	19.56	20.74	22.69	23.18

7.1.3.2　水分运移边界条件

边界条件设置,上边界覆膜区域(除滴头外)为第三类边界条件变流量边界 1,生育期内零通量;滴头处(半圆 $d=2$ cm)为第三类边界条件变流量边界 2,采用实际灌溉数值;排盐沟区域为大气边界条件。左右边界条件为零通量边界;底部为自由排水边界;边界条件如图 7-1 所示。

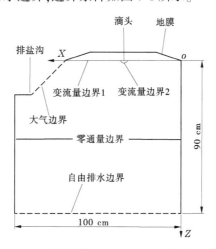

图 7-1　排盐沟模拟区域剖面边界条件示意图

下边界条件为自由排水边界,侧面均为零通量边界。

上边界条件:膜下滴灌棉田排盐沟试验上边界条件主要分为滴头处、覆膜处、排盐沟。

滴头处边界条件:

$$-D(\theta)\frac{\partial\theta}{\partial Z}+K(\theta)=Q(t)\quad 0\leqslant x\leqslant X,z=0,t>0 \quad (7\text{-}11)$$

覆膜处边界条件:

$$-D(\theta)\frac{\partial\theta}{\partial Z}+K(\theta)=S(t)\quad 0\leqslant x\leqslant X,z=0,t>0 \quad (7\text{-}12)$$

排盐沟处边界条件：

$$-D(\theta)\frac{\partial\theta}{\partial Z} + K(\theta) = E(t) \quad 0 \leq x \leq X, z = 0, t > 0 \tag{7-13}$$

左边界条件：

$$-D(\theta)\frac{\partial\theta}{\partial x} = 0 \quad x = 0, 0 \leq z \leq Z, t > 0 \tag{7-14}$$

右边界条件：

$$-D(\theta)\frac{\partial\theta}{\partial x} = 0 \quad x = X, 0 \leq z \leq Z, t > 0 \tag{7-15}$$

下边界条件：

$$\frac{\partial h}{\partial\theta} = 0 \quad x = 0, z = 0, t > 0 \tag{7-16}$$

式中：$Q(t)$ 为滴头流量通量，cm/d；X 为最大水平距离；Z 为最大垂直方向距离；$S(t)$ 为蒸腾速率，cm/d；$E(t)$ 为蒸发和降水量，cm/d。

滴头流量通量：

$$Q(\text{cm/h}) = \frac{\text{滴头定额流量}(\text{cm}^3/\text{h})}{\text{单位长度滴灌带表面积}(\text{cm}^2)} \tag{7-17}$$

7.1.3.3　溶质运移边界条件

$$\left.\begin{array}{l} -\theta\left(D_{xz}\dfrac{\partial c}{\partial x} + D_{XZ}\dfrac{\partial c}{\partial z}\right) + qc = 0 \quad x = 0 \text{ 或 } x = X, 0 \leq z \leq Z, t > 0 \\[3mm] -\theta\left(D_{xz}\dfrac{\partial c}{\partial x} + D_{ZZ}\dfrac{\partial c}{\partial z}\right) + qc = qc_1(x,z,t) \quad 0 \leq x \leq X, z = Z, t > 0 \\[3mm] -\theta\left(D_{zx}\dfrac{\partial c}{\partial x} + D_{ZZ}\dfrac{\partial c}{\partial z}\right) + qc = 0 \quad 0 \leq x \leq X, z = Z, t > 0 \end{array}\right\} \tag{7-18}$$

7.1.4　模型的参数确定

7.1.4.1　水分运动参数

土壤水分运动参数虽然可以通过试验确定，但是由于步骤复杂、工作量大、时间长、受外界条件影响大，参数值误差较大，影响模拟计算的准确度，通过对土壤颗粒进行分析获取土壤粉粒、砂粒、黏粒所占的百分数及土壤容重等物理性质数据，应用 van Genuchten 模型在 HYDRUS 程序中 ROSETTA 模块对土壤的参数 θ_r、θ_s、α、n、m、K_s、l 进行推导，其推导结果如表 7-2 所示。

表 7-2　土壤水力特征参数

参数	残余含水率 θ_r/ (cm^3/cm^3)	饱和含水率 θ_s/ (cm^3/cm^3)	进气吸力 α/ (cm^{-1})	形状系数 n	饱和导水 K_s/(cm/d)	l
数值	0.039 5	0.376 4	0.016	1.468 6	39.83	0.5

7.1.4.2　土壤溶质运动参数

HYDRUS 模型模拟土壤溶质运移需要的参数主要包括土壤容重 BD、横向弥散系数 D_L 和纵向弥散系数 D_T,采用环刀法测定土壤容重为 1.51 g/cm^3;由于其他系数难以观测,采用 HYDRUS 模型根据土质结构提供的经验数值 $D_L=0.1\ cm$,$D_T=0.01\ cm$,一般 $D_L>D_T$;土壤吸附系数为 1,土壤不动水含量为 0,即在土壤水分始终处于运动状态;在水体中的溶质分子的扩散系数为 2.13 cm/d,在大气中溶质分子的扩散系数为 0。

7.1.4.3　模型剖面网格划分

网格划分如图 7-2 所示,TS 为 3.40 cm,最多节点数 200 000 个,节点数越多,模型计算需要的时间越长。

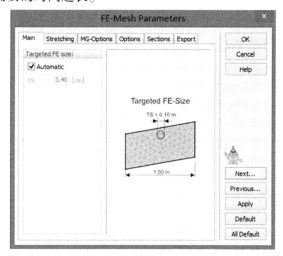

图 7-2　网格剖面剖分图

7.2　模型验证

膜下滴灌棉田不同梯度排盐沟土壤水盐运移规律的试验,时间为 2016 年

5~9月,经历滴灌棉田一个生育期,为减少工作量和方便快捷地分析不同条件下土壤水盐分布规律,应用 HYDRUS–2D 模型模拟排盐沟深度为 10 cm、20 cm、30 cm 时土壤水盐分布的变化特征,图 7-3~图 7-8 分别为不同深度排盐沟在滴头处、膜边处土壤盐分模拟值与实测值的验证。

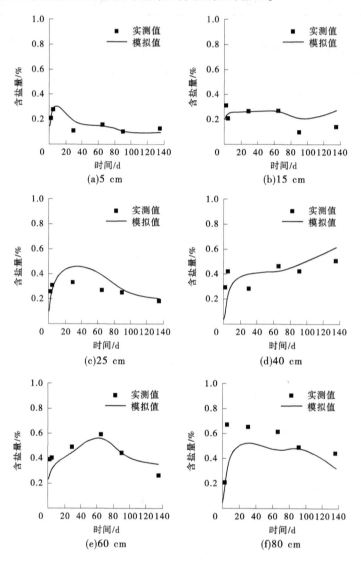

图 7-3　排盐沟深度为 10 cm 时滴头土壤盐分模拟值与实测值

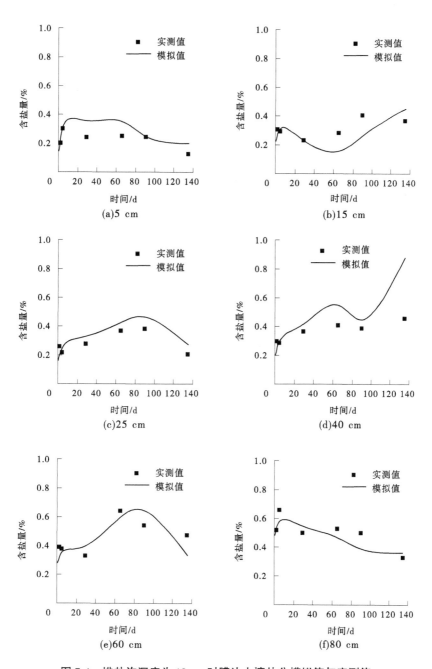

图 7-4　排盐沟深度为 10 cm 时膜边土壤盐分模拟值与实测值

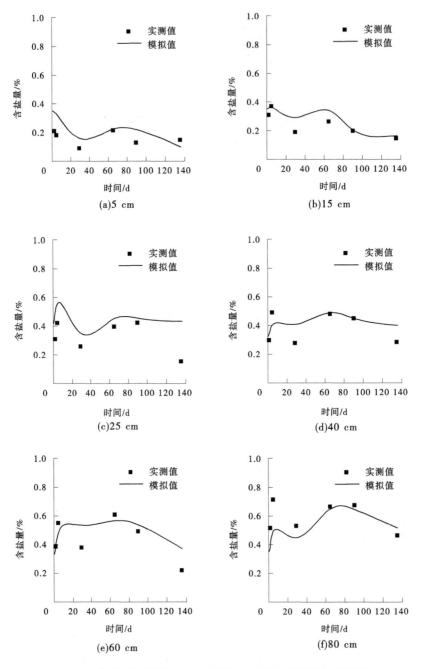

图 7-5　排盐沟深度为 20 cm 时滴头土壤盐分模拟值与实测值

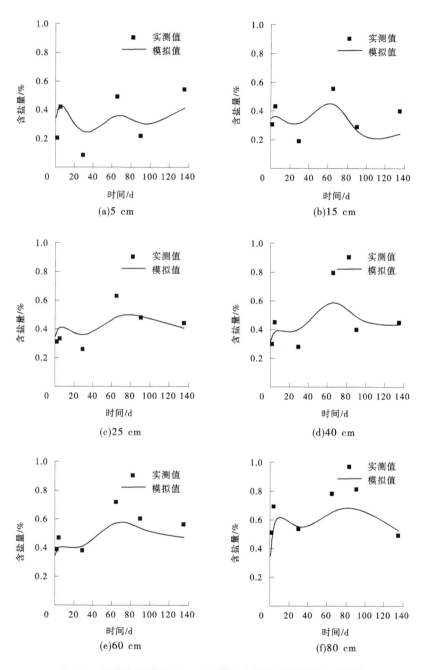

图 7-6 排盐沟深度为 20 cm 时膜边土壤盐分模拟值与实测值

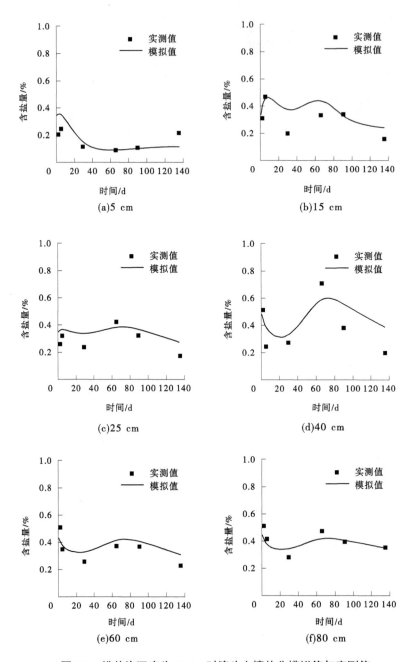

图 7-7　排盐沟深度为 30 cm 时滴头土壤盐分模拟值与实测值

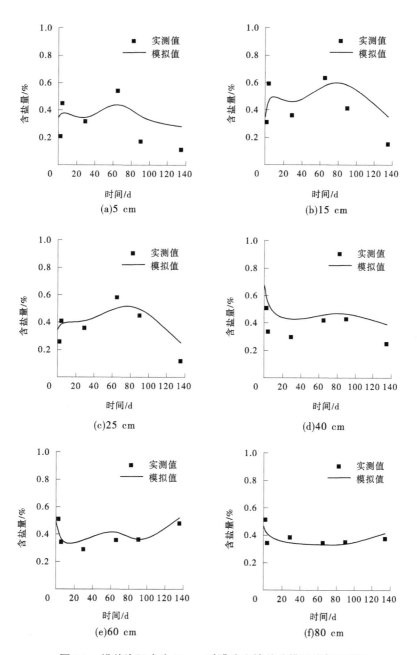

图 7-8　排盐沟深度为 30 cm 时膜边土壤盐分模拟值与实测值

不同深度排盐沟土壤盐分在滴头处、膜边(排盐沟边)处土壤盐分模拟值与实际值的对比,土壤盐分实际值与模拟值之间相比尽管某些数值点存在一些差异,但在总体上比较接近,这些差异可能是由于土壤水盐在空间上分布差异所导致的。排盐沟梯度为 10 cm 时,在滴头下 0～15 cm 土壤盐分在生育期呈下降趋势;在膜边(排盐沟边)土壤生育期在 5～15 cm 土壤盐分呈 V 形上升趋势,生育期末盐分明显增加。在排盐沟梯度为 20 cm 时,在滴头处 0～15 cm 土壤盐分生育期内下降趋势较为明显;在膜边处 0～5 cm 土壤盐分在生育期内呈上升趋势。在相同灌溉制度和种植模式下,不同梯度排盐沟排盐效果和排盐尺度差异较大,这也说明土壤盐分运移比较复杂,土壤盐分在空间分布的离散度较大。检验结果表明,试验实测值与数值模拟值比较接近,因此建立的数值模型是合理的和可靠的,可以用来进行数值模拟及预测。

7.3　模型的检验

模型模拟值与试验实测值之间的误差采用相对均方根误差(RMSE)和相对误差(RMAE)两个数值来检验模拟效果。

$$RMSE = \sqrt{\frac{\sum\limits_{i=1}^{N} (P_i - Q_i)^2}{N}} \tag{7-19}$$

$$RMAE = \frac{\frac{1}{N}\sum\limits_{i=1}^{N} |Q_i - P_i|}{\frac{1}{N}\sum\limits_{i=1}^{N} Q_i} \times 100\% \tag{7-20}$$

式中:N 为模拟值和实测值相对应的数量;P_i 为观测点的模拟值;Q_i 为观测点的实测值;RMSE 用来反映实际值与模拟值之间的差异性,RMSE 值越小,说明试验观测值与模拟值误差越小;RMAE 反映模拟值与观测值之间拟合度,RMAE 的取值区间[0,1],数值越大表示拟合度越高。

利用 HYDRUS-2D 模型模拟不同梯度排盐沟土壤水盐分布和变化规律,由表 7-3 可知,模拟值与实测值之间的变化规律相近,数值差异非常小。但是,模拟值与实测值之间还是有一定的误差,可能因为模型反推出来的参数与实际参数之间存在差异。采用数值之间的相对均方根误差(RMSE)和相对误差(RMAE)分析数值模拟的精度,土壤盐分的拟合度大于 0.71,相对均方根误差小于 0.143,说明模型模拟效果良好,可以用于模拟相关的研究。

表 7-3　不同深度排盐沟土壤盐分模拟值与实测值的检验

排盐沟梯度/cm	土壤深度/cm	滴头下		膜边	
		RMSE	RMAE	RMSE	RMAE
10	5	0.026	0.904	0.032	0.745
	15	0.048	0.761	0.028	0.754
	25	0.047	0.731	0.031	0.798
	40	0.058	0.746	0.078	0.858
	60	0.035	0.763	0.048	0.782
	80	0.039	0.843	0.028	0.791
20	5	0.080	0.812	0.143	0.712
	15	0.073	0.760	0.115	0.716
	25	0.132	0.714	0.091	0.811
	40	0.099	0.725	0.114	0.742
	60	0.079	0.831	0.075	0.869
	80	0.095	0.774	0.099	0.727
30	5	0.038	0.779	0.114	0.900
	15	0.036	0.711	0.124	0.725
	25	0.027	0.837	0.107	0.726
	40	0.043	0.842	0.065	0.837
	60	0.024	0.832	0.060	0.766
	80	0.020	0.799	0.041	0.774

7.4　生育期土壤盐分的数值模拟

7.4.1　模型确定

为了进一步完善模型的应用,采用不同于模型验证的土壤,在新疆地区分布广泛的粉壤土进行排盐沟生育期的数值预测模拟,已经验证而获得数值模型模拟结果与实测值接近,可靠度高,能够满足模型的模拟要求;数值模型与实测值的检验得出二者拟合度大于 0.71,相对均方根误差小于 0.143,具有较高的拟合精度。因此,应用的数学模型相同,排盐沟的试验设置也相同,对在新疆地区分布广泛的粉壤土质进行数值预测模拟。

7.4.2　土壤质地及参数确定

采用粉壤土质进行滴灌棉田生育期排盐沟土壤盐分的分布预测,灌溉定额为 3 600 m³/hm²,生育期的灌水时间、灌溉设计方式与排盐沟试验设计相同,利用试验获取壤质土壤初始含盐量为 0.405%,土壤初始含水率为18.76%,设定土层均匀分布,各层土壤初始盐分和水分含量均匀,土壤边界条件设置、土壤水分和盐运移方程、时间设置、空间设置均与前节相同。

土壤水分运移参数确定。土壤水分运动参数是研究土壤水盐运移非常重要的参数,模型中土壤水力参数采用 van Genuchten 模型,应用 HYDRUS-2D模型中程序自带土壤水力参数数据,这些数值是多次试验后经统计分析获取,具有一定的代表性数据,土壤水力参数见图 7-9。

图 7-9　土壤水力特征参数界面

土壤溶质运移参数确定。土壤中溶质的横向弥散系数、纵向弥散系数、土壤吸附系数、土壤不动水含量、在自由水体中溶质分子的扩散系数,在大气中溶质分子的扩散系数,这些参数对于土壤水盐运移模拟和研究比较重要,由于一些参数难以直接获取,一般采用经验公式法或者反推参数法获得,预测模型采用 HYDRUS-2D 自带的土壤溶质参数值,溶质运移参数见图 7-10。

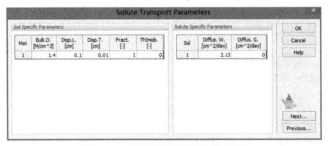

图 7-10　土壤溶质运移参数界面

7.4.3　生育期土壤盐分的模拟

　　排盐沟梯度为 10 cm、20 cm、30 cm 滴头和膜边(排盐沟边)土壤盐分的分布预测如图 7-11~图 7-13 所示。滴头处土壤生育期内在土层 0~5 cm, 5~15 cm 土壤盐分呈先降后升的趋势, 在 0~40 d 土壤盐分呈逐渐下降, 在灌溉水分的作用下滴头土壤中形成盐分含量较低的淡化区, 其后土壤保持相对稳定的盐分状态, 生育期末土壤盐分呈逐渐上升趋势; 15~25 cm、25~40 cm 土壤盐分变化趋势相近, 在生育期 0~60 d 土壤盐分呈上升趋势变化, 幅度较大, 其后土壤盐分保持较平缓的变化状态, 这可能是由在 5 月、6 月气温升高较快、土壤水分蒸发强度增幅大而导致的。

　　膜边土壤盐分含量生育期末与生育期初相比, 在 5~15 cm、15~25 cm、25~40 cm 土层土壤中, 梯度 10 cm 的排盐沟膜边土壤盐分含量分别增加 0.556%、0.503%、0.297%; 梯度 20 cm 的排盐沟膜边土壤盐分含量分别增加 0.589%、0.580%、0.294%; 梯度 30 cm 的排盐沟膜边土壤盐分含量分别增加 0.801%、0.330%、0.248%, 在生育期末不同梯度排盐沟在膜边 5~40 cm 土壤盐分含量随着土壤深度的增加逐渐降低, 这可能是由土层越深受外界蒸发作用的影响越小所引起的。可见, 生育期内不同梯度排盐沟在 5~15 cm、15~25 cm 土层附近土壤盐分增量较大, 土壤盐分呈现出强烈地向排盐沟运移的趋势。

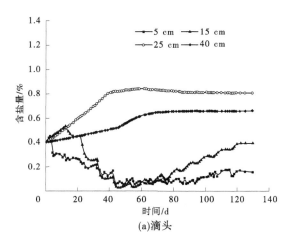

(a)滴头

图 7-11　排盐沟梯度 10 cm 时滴头处和膜边处土壤盐分模拟

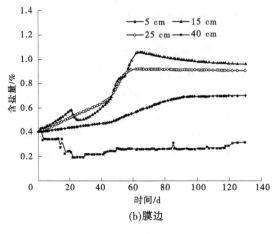

(b)膜边

续图 7-11

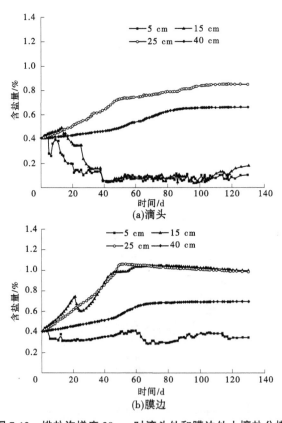

(a)滴头

(b)膜边

图 7-12　排盐沟梯度 20 cm 时滴头处和膜边处土壤盐分模拟

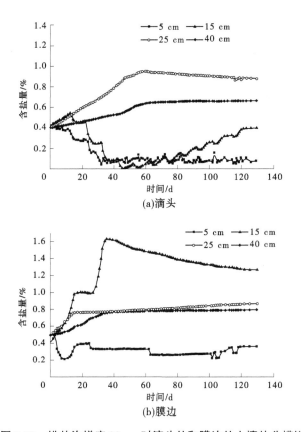

图 7-13　排盐沟梯度 30 cm 时滴头处和膜边处土壤盐分模拟

7.5　小　结

　　膜下滴灌棉田在新疆已经应用 20 多年,土壤盐分累积导致棉田次生盐渍化问题引起许多专家和科研机构关注,通过开展种植试验研究膜下滴灌棉田土壤排盐沟在不同深度情况下土壤水盐运移的数值模拟,并对不同的模拟情况进行分析,结论如下:

　　(1)利用 HYDRUS-2D 模型对不同深度排盐沟的土壤盐分进行模拟和评价发现,土壤盐分的实际值与模型模拟值之间相对误差 RAME 大于 0.71,相对均方根误差 RMSE 小于 0.143,说明 HYDRUS-2D 模拟效果较好。

　　(2)利用 HYDRUS-2D 模型对粉壤土质生育期不同深度排盐沟土壤盐分

预测显示:生育期末与生育期初相比,在膜边 5～15 cm、15～25 cm、25～40 cm 土壤盐分均呈增加趋势,10 cm 深度排盐沟土壤盐分分别增加 0.556%、0.503%、0.297%;20 cm 深度排盐沟土壤盐分分别增加 0.589%、0.580%、0.294%;30 cm 深度排盐沟土壤盐分分别增加 0.801%、0.330%、0.248%。可见,粉壤土质滴灌棉田膜边在 5～15 cm 时排盐最强。

第 8 章 结论与展望

8.1 结 论

8.1.1 主要结论

膜下滴灌棉田在新疆大面积应用已经 21 年,为分析长期膜下滴灌棉田土壤水盐的分布和变化特征,以田间试验为基础,在 2011~2016 年新疆一二一团连续 6 年监测获取 2 000 余个土壤水盐监测数据,对数据进行理论分析。通过对膜下滴灌棉田生育期、非生育期、秋浇、膜间排盐技术试验等分析土壤水盐分布特征,研究膜下滴灌棉田生育期不同盐度土壤水盐分布特征;非生育期膜下滴灌棉田土壤盐分的变化趋势及其规律;秋浇条件下膜下滴灌棉田土壤水盐分布特征;膜下滴灌棉田田间不同深度排盐沟排盐效果,利用HYDRUS-2D 模型模拟排盐沟水盐分布特征。主要研究成果如下:

(1)对膜下滴灌棉田生育期不同盐度土壤的研究表明:不同盐度地块土壤脱盐时,在 0~40 cm 土壤中盐度越低土壤耕作层脱盐则越强;生育期高盐度土壤 0~60 cm 土层在 2011~2013 年连续 3 个生育期年际间强烈积盐;在棉花根区土壤膜间积盐幅度表现为土壤盐度越高在膜间积盐越重。土壤盐分与地下水位之间的规律符合拟合方程: $y=-0.023\,66+0.108\,54x-0.021\,13x^2$,其$R^2$ 值为 0.913;土壤水分与地下水位之间拟合方程为: $y=124.129\,05-68.422\,91x+11.071\,69x^2$,其 R^2 值为 0.782。应用聚类分析土壤盐分在灌溉前后变化,发现土壤盐分活跃层深度灌溉后变浅,灌溉后土壤盐分稳定层深度增加。

(2)对膜下滴灌棉田生育期土壤盐分空间分布的分析,得出生育期土壤盐分在空间的分布概率发生变化;连续种植 6 年、10 年、12 年、17 年地块生育期土壤盐分均值分别为 0.73%、0.53%、0.39%、0.59%,种植年限 6~17 年的地块土壤盐分整体呈 V 形变化,种植年限 6~12 年地块呈脱盐状态,种植年限12~17 年地块呈积盐状态。

(3)利用 2014~2015 年非生育期田间试验,发现冻融期在 0~20 cm 土壤温度与土壤水盐呈负相关性；重度盐渍化土壤积盐深度 0~100 cm，轻度盐渍化土壤积盐深度 0~40 cm。非生育期土壤盐分空间分布分析发现，冻融使土壤盐分在剖面方向重新排列，非生育期末 0~10 cm 土壤含盐量大于 0.7%，样本数增加 2.7%，在 0~10 cm、0~20 cm 土壤盐分均值增加 0.12%、0.09%，非生育期浅层土壤盐分呈积盐的趋势。

(4)通过滴灌棉田秋浇试验发现，秋浇地块与未秋浇地块相比，秋浇 20 d 后在 0~100 cm 土壤盐分减少 0.19 g/kg，次年苗期 0~100 cm 土壤盐分减少 0.499 g/kg；土层越浅，盐分降幅越大；在 0~40 cm 土壤，秋浇 20 d 后土壤水分增幅 5.48%，次年苗期土壤水分增幅 5.53%。t 检验表明，秋浇地块与未秋浇地块在苗期土壤盐分差异显著。可见，秋浇可有效提高次年苗期土壤墒情，调控土壤盐分。

(5)利用种植试验研究膜间设置排盐沟土壤盐分的分布特征，得出在深度 10 cm、20 cm、30 cm 排盐沟中，在 0~25 cm 土壤生育期末与生育期初相比膜边土壤盐分增幅最大的是深度 20 cm 的排盐沟；棉花在深度 20 cm 排盐沟产量最高；表明深度 20 cm 排盐沟的排盐效果和产量最佳。

(6)利用 HYDRUS-2D 模型膜下滴灌棉田不同深度膜间排盐沟的土壤盐分进行模拟，发现土壤盐分的试验实测值与模拟值之间相对误差 RAME 大于 0.71，相对均方根误差 RMSE 小于 0.143，证明模拟效果较好。利用 HYDRUS-2D 模型对粉壤土质生育期不同深度膜间排盐沟土壤盐分预测显示在膜边深度 5~15 cm 排盐作用最强。

8.1.2　主要创新点

(1)利用不同盐度滴灌棉田对比分析，应用空间分布试验研究冻融期土壤盐分，研究全生育期滴灌棉田土壤盐分的变化过程和迁移规律，分析不同程度盐渍化土壤盐分变化差异，对今后盐渍化土壤的防治具有一定的指导意义。

(2)利用秋浇试验、排盐沟试验数据及模拟成果研究滴灌棉田洗盐和膜间排盐时土壤盐分运动规律，并将秋浇试验成果首次应用于北疆滴灌棉田，为新疆滴灌棉田可持续发展提供理论指导。

8.2　展　望

膜下滴灌棉田在新疆绿洲灌溉农业中应用已经 20 多年，极大地促进了干旱区农业的可持续发展。在膜下滴灌棉田水盐运移、灌溉技术、土壤改良等方面,许多研究成果对膜下滴灌棉田发展起到良好的促进作用,由于膜下滴灌棉田土壤水盐运移的复杂性和盐分受外界环境影响的多变性,今后对膜下滴灌棉田的研究建议在以下几个方面开展。

(1)长期膜下滴灌棉田土壤盐分累积是一个逐渐发展的过程,应当进一步加强大田的观测,分析不同土壤类型、不同盐渍化程度、不同地下水位条件下的膜下滴灌棉田盐分演变规律。

(2)灌溉定额和灌溉方式对长期膜下滴灌棉田土壤盐分影响作用较大,加强对田间土壤盐分观测,从农业生产和水土资源可持续发展方面,结合土壤盐分含量和环境条件优化灌溉技术。

(3)非生育期冻融对膜下滴灌棉田水盐的影响复杂,对冻融期不同盐度土壤盐分运移规律和演变过程需进行进一步研究。

(4)研究在当前农业生产技术条件下膜下滴灌棉田的田间排盐技术,减少土壤次生盐渍化,还需进一步探索和实践。

参考文献

［1］王遵亲,祝寿泉,俞仁培.中国盐渍土［M］.北京：中国科学出版社,1993.

［2］周和平,张立新,禹峰,等.我国盐碱地改良技术综述及展望［J］.现代农业科技,2007 (11)：159-161,164.

［3］王振华,杨培岭,郑旭荣,等.膜下滴灌系统不同应用年限棉田根区盐分变化及适耕性［J］.农业工程学报,2014,30(4):90-99.

［4］谢承陶.盐渍土改良原理与作物抗性［M］.北京：中国农业科技出版社,1993.

［5］Hunsaker D J, Clemmens A J, Fangmeier D D. Cotton response to high frequency surface irrigation［J］. Agricultural Water Management,1998,37(1)：55-74.

［6］Doorenbos. Effect of different irrigation methods on shedding and yield of cotton［J］. Agriculture Water Manage, 2002, 54(10):1-15.

［7］Herggeler J C. Irrigation frequency with drip irrigation and its effete on yield ［C］. Cotton Council of Ameriea,1988,3:79-80.

［8］吕殿青, 王全九, 王文焰. 滴灌条件下土壤水盐运移特性的研究现状［J］. 水科学进展, 2001, 12(1)：107-112.

［9］贺欢, 田长彦, 王林霞. 不同覆盖方式对新疆棉田土壤温度和水分的影响［J］. 干旱区研究, 2009, 26(6)：826-831.

［10］刘净贤, 周石硚, 晋绿生. 新疆北部膜下滴灌棉田的蒸散特征［J］. 干旱区研究, 2012, 29(2):360-368.

［11］Jenesen M E. Design and Operation of Farm Irrigation Systems［J］. Agricultural Society of Agricultural Engineer, St. Joseph, MI, U. S. A, 1982:269-270.

［12］康静, 黄兴法. 膜下滴灌的研究及发展［J］.节水灌溉,2013(9)：71-74.

［13］马合木江·艾合买提. 长期连作棉田土壤水盐运移规律及数值模拟研究［D］.乌鲁木齐：新疆农业大学,2015.

［14］程朝军.浅谈膜下滴灌节水增效的方法［J］.新疆农垦科技,2010,33(6)：76.

［15］邵光成, 蔡焕杰, 吴磊, 等. 新疆大田膜下滴灌的发展前景［J］. 干旱地区农业研究, 2010, 19(3)：122-127.

［16］Tiwari K N,Mal P K,Singh R M,et al. Response of okra (Abelmoschus esculentus(L) Moench) to drip irrigation under mulch and non-mulchconditions［J］. Agricultural Water Management,1998,38(2):91-102.

［17］王峰,孙景生,刘祖贵,等.不同灌溉制度对棉田盐分分布与脱盐效果的影响［J］.农业机械学报,2013,44(12)：120-127.

［18］郝毅.浅谈棉花膜下滴灌技术［J］.内蒙古水利,2010(3):94-95.

［19］李代鑫.最新农田水利工程规划设计手册［M］.北京:中国水利水电出版社,2006.

［20］顾烈烽,荣航仪,钟杰敏.兵团大田棉花膜下滴灌技术的形成与发展［J］.新疆农垦科技,2002(5):29-31.

［21］雷志栋,杨诗秀,谢森传.土壤水动力学［M］.北京:清华大学出版社,1989.

［22］Ben Asher J,Charach C,Zemel A,et al. Infiltration and warter extraction from trickle irrigation source the effective hemisphere mode［J］. Soil Science Society of Americal Journal,1986,50(4):882-887.

［23］Or D, Coelho F E. Soil water dynamics under drip irrigation:transient flow and uptake Models［J］. Trans. ASAE,1996,39(6):2017-2025.

［24］吕殿青,王全九,王文焰,等.膜下滴灌水盐运移影响因素研究［J］.土壤学报,2002,39(6):794-801.

［25］吕殿青.土壤水盐运移试验研究与数学模拟［D］.西安:西安理工大学,2000.

［26］贾瑞亮,周金龙,周殷竹,等.干旱区高盐度潜水蒸发条件下土壤积盐规律分析［J］.水利学报,2016,47(2):150-157.

［27］汪志荣,王文焰,王全九, 等.点源入渗土壤水分运动规律实验研究［J］.水利学报,2000(6):39-44.

［28］李明思,康绍忠,杨海梅.地膜覆盖对滴灌土壤湿润区及棉花耗水与生长的影响［J］.农业工程学报,2007,23(6): 49-54.

［29］West D W, Merrigan I F,Ayor J T. Soil salinity gradients and growth of plant under drip irrigation［J］. Soil Science,1979,127(5):281-291.

［30］Alem M H. Disturibution of water and salt in soil in under trickle and pot irrigation regimes［J］. Agriculture Water Manage,1981(3):195-203.

［31］Mmolawak,Or D. Root zone solute dynamics under drip irrigation areview［J］. Plant and Soil,2000,22(2):163-190.

［32］王全九, 徐益敏,王金栋,等. 咸水与微咸水在农业灌溉中的应用［J］.灌溉排水,2002,21(4):73-77.

［33］李毅,王文焰,王全九,等.非充分供水条件下滴灌入渗的水盐运移特征研究［J］.水土保持学报,2013,17(1):1-4.

［34］Akbar Ali Khaam. Field evolution of water and solute distribution from a point source［J］. Irrigation and Drainage Engineering,1996,12(2):221-227.

［35］谭军利,康跃虎,焦艳平,等.不同种植年限覆膜滴灌盐碱地土壤盐分离子分布特征［J］.农业工程学报,2008,24(6):59-63.

［36］Goodrich L E. The influence of snow cover on the ground thermal regime［J］. Canadian Geotechnical Journal,1982,19(4):421-432.

［37］Konrad J M,Mccammon A W. Solute partitioning in freezing soils［J］. Canadian Geotechnical Journal,1990, 27(6):726-736.

[38] Konrad,Jean Marie,Morgenstern. The segregation potential of a freezing soil[J]. Canadian Geotechnical Jiournal,1981,18(4):482-491.

[39] SHAO Xiao-hou, WANG Yu , BI Li-dong, et al. Study on soil water characteristics of tobacco fields based on canonical correlation analysis[J]. Water Science and Engineering, 2009,2(2):79-86.

[40] 张一平,白锦鳞,张君常,等.温度对土壤水势影响的研究[J]. 土壤学报,1990,27 (4): 454-458.

[41] 罗金明,许林书,邓伟,等.盐渍土的热力构型对水盐运移的影响研究[J]. 干旱区资源与环境,2008,22(9):118-123.

[42] 张富仓,张一平,张君常.温度对土壤水分保持影响的研究[J]. 土壤学报,1997,34 (2):160-169.

[43] 徐学祖, 邓友生. 冻土中水分迁移的实验研究[M].北京:科学出版社,1991.

[44] Zhao Litong,Gray D M. A parametric expression for estimating infiltration into frozen soils [J]. Hydrological Processes,2015,11(13):1761-1775.

[45] Klas,Jirka,Masaru. Water flow and heat transport in frozen soil:numerical solution and freeze-thaw applications[J].Soil Science Society of America,2004,68(3):693-704.

[46] Flerchinger,Baler,Spaams. A test of the radiative energy balance of the SHAW model fors now cover[J]. Hydrological Processer,1996,10:1359-1367.

[47] Flerchinger,Saxton. Simultaneous heat and water model of a freezing snow-residue-soil system[J]. Transaction of the ASAE,1989,32(2): 565-578.

[48] 张殿发,郑琦宏.冻融条件下土壤中水盐运移规律模拟研究[J].地理科学进展, 2005,24(4):46-55.

[49] 张殿发,郑琦宏,董志颖.冻融条件下土壤中水盐运移机理探讨[J].水土保持通报, 2005,25(6):14-18.

[50] 王璐璐,陈晓飞,马巍,等.不同土壤冻融特征曲线的试验研究[J].冰川冻土,2007, 29(6):1004-1011.

[51] 陈晓飞,都洋,马巍,等.养分含量对土壤冻融特征曲线的影响[J].冰川冻土,2004, 26(4):440-448.

[52] Getachew A Mohammed,Masaki Hayashi,Christopher R Farrow,et al. Improved characterization of frozen soil processes in the versatile soil moisture budget model[J]. Canadian journal of soil science,2013,93(4):511-531.

[53] Bing H,He P,Zhang Y. Cyclic freeze-thaw as a mechanism for water and salt migration in soil[J]. Environmental Earth Sciences,2015,74(1):675-681.

[54] Nakano,Tice,Oliphant,et al. Transport of water in frozen soils. 1, Experimental determination of soil water diffusivity under isothermal conditions[J]. Advances in water resource, 1982,(5):221-226.

[55] 李瑞平, 史海滨,赤江刚夫, 等. 冻融期气温与土壤水盐运移特征研究[J]. 农业工

程学报, 2007, 23(4): 70-73.

[56] 李瑞平, 史海滨, 赤江刚夫, 等. 季节性冻融土壤水盐动态预测 BP 网络模型研究 [J]. 农业工程学报, 2007, 23(11): 125-128.

[57] 樊贵盛, 贾宏骥, 李海燕. 影响冻融土壤水分入渗特性主要因素的试验研究[J]. 农业工程学报, 1999, 15(4): 88-94.

[58] 薛明霞. 不同地表条件下季节性冻融土壤的冻融特征分析[J]. 山西水利科学, 2008 (1): 19-21.

[59] 王子龙, 付强, 姜秋香, 等. 季节性冻土区不同时期土壤剖面水分空间变异特征研究[J]. 地理科学, 2010, 30(5): 772-776.

[60] Bahareh Aghasi, Ahmad Jalalian, Hossein Khademi, et al. Sub-basin scale spatial variability of soil properties in Central Iran[J]. Arabian Journal of Geosciences, 2017, 10 (6): 1-8.

[61] Maryam Osat, Ahmad Heidant, Mostafa Karimian Eghbal, et al. Spatial variability of soil development indices and their compatibility with soil taxonomic classes in a hilly landscape: a case study at Bandar village, Northern Iran[J]. Journal of Mountain Science, 2016, 13(10): 1746-1759.

[62] Gopp N V, Nechaeva T V, Savenkov O A, et al. The methods of geomorphometry and digital soil mapping for assessing spatial variability in the properties of agrogray soils on a slope [J]. Eurasin Soil Science, 2017, 50(1): 20-29.

[63] Rahul Tripathi, Nayak A K, Mohammad Shahid, et al. Characterizing spatial variability of soil properties in salt affected coastal India using geostatistics and kriging[J]. Arabin Jounal of Geoscience, 2015, 8(12): 10693-10703.

[64] Tae Kyung Yoon, Nam Jin Noh, Saerom Han, et al. Small-scale spatial variability of soil properties in a Korean swamp[J]. Landscape and Ecological Engineering, 2015, 11(5): 303-312.

[65] Sanjay Kumar Jha. Effect of spatial variability of soil properties on slope reliability using random finite element and first order second moment methods[J]. Indian Geothechnical Journal, 2015, 45(2): 145-155.

[66] Sidorova V A, Svyatova E N, Tseuts M A. Spatial variability of the properties of marsh soils and their impact on vegetation[J]. Eurasian Soil Science, 2015, 48(3): 223-230.

[67] Reza S K, Utpal Baruah, Dipak Sarkar, et al. Spatial variability of soil properties using geostatistical method: a case study of lower Brahmaputra plains, India[J]. Arabian Journal of Geosciences, 2016, 9(6): 1-8.

[68] 雷志栋, 杨诗秀, 许志荣, 等. 土壤特性空间变异性初步研究[J]. 水利学报, 1985, 16(9): 10-21.

[69] 陈志雄, Vanclin M. 封丘地区土壤水分平衡研究: I. 田间土壤湿度的空间变异[J]. 土壤学报, 1989, 26(4): 309-315.

[70] Bostani A,Salahedin M,Rahman M M,et al. Khojasten. Spatial mapping of soil properties using geostatistical methods in the Ghazvins of Iran[J]. Modem Applied Science, 2017, 11(10): 23-37.

[71] Panagopoulos T, Jesus J, Antunes M D C, et al. Analysis of spatial interpolation for optimizing management of a salinized field cultivated with lettuce[J]. Europen Journal of Agronomy, 2006, 24(1): 1-10.

[72] Weidorf D C, Zhu Y. Spatial variability of soil properties at Capulin Volcana, New Mexico, USA: Implications for sampling strategy[J]. Pedosphere, 2012, 20(2): 185-197.

[73] 姚江荣, 杨劲松. 黄河三角洲典型地区地下水位与土壤盐分空间分布的指示克立格评价[J]. 农业环境科学学报, 2007, 26(6): 2118-2124.

[74] 周在明, 张光辉, 王金哲, 等. 环渤海低平原水土盐分与水位埋深的空间变异及协同克立格估值[J]. 地球学报, 2011, 32(4): 493-499.

[75] 王云强, 邵明安, 刘志鹏. 黄土高原区域尺度土壤水分空间变异性[J]. 水科学进展, 2012, 23(3): 310-316.

[76] 尤文忠, 曾德慧, 刘明国, 等. 黄土丘陵区林草景观界面雨后土壤水分空间变异规律[J]. 应用生态学报, 2005, 16(9): 1591-1596.

[77] 吴亚坤, 杨劲松, 李晓明. 基于光谱指数与EM38的土壤盐分空间变异性研究[J]. 光谱学与光谱分析, 2009, 29(4): 1023-1027.

[78] 陈丽娟, 冯起, 成爱芳. 民勤绿洲土壤水盐空间分布特征及盐渍化成因分析[J]. 干旱区资源与环境, 2013, 27(11): 99-105.

[79] 李小昱, 雷廷武, 王为. 农田土壤特性的空间变异性及分形特征[J]. 干旱地区农业研究, 2000, 18(4): 61-65.

[80] 祖皮艳木·买买提, 海米提·依米提, 吕云海. 于田绿洲典型区土壤盐分及盐渍土的空间分布格局[J]. 土壤通报, 2013, 44(6): 1314-1320.

[81] John Leju CELESTINO LADU, Zhang Dan-rong. Modeling atrazine transport in soil columns with HYDRUS-1D[J]. Water Science and Engineering, 2011, 4(3): 258-269.

[82] Simunek J, Van Genuchten M T, Sejna M. Development and applications of the HYDRUS and STANMOD software packages and related codes[J]. Vadose Zone Journal, 2008, 7 (2): 587-600.

[83] 李韵珠, 胡克林. 蒸发条件下粘土层对土壤水和溶质运移影响的模拟[J]. 土壤学报, 2004, 41(4): 493-502.

[84] 陈丽娟, 冯起, 张新民,等.明沟排水洗盐条件下土壤水盐动态模拟研究[J]. 水土保持研究, 2010, 17(1): 235-238.

[85] 王维娟, 牛文全, 孙艳琦, 等. 滴头间距对双点源交汇入渗影响的模拟研究[J]. 西北农林科技大学学报(自然科学版), 2010,38(4): 219-225,234.

[86] Kandelous M M, Simunek Jingxiang, van Genuchten M T, et al. Soil water content distri-

butions between two emitters of a subsurface drip irrigation system[J]. Soil Science Socirty Americal Journal, 2011, 75(7): 488-497.

[87] 孙建书, 余美. 不同灌排模式下土壤盐分动态模拟与评价[J]. 干旱地区农业研究, 2011, 29(4): 157-163.

[88] 余根坚, 黄介生, 高占义. 基于 HYDRUS 模型不同灌水模式下土壤水盐运移模拟[J]. 水利学报, 2013, 44(7): 826-834.

[89] 李亮, 李美艳, 张军军, 等. 基于 HYDRUS-2D 模型模拟耕荒地水盐运移规律[J]. 干旱地区农业研究, 2014, 32(1): 66-71.

[90] 马海燕, 王昕, 张展羽, 等. 基于 HYDRUS-3D 的微咸水膜孔沟灌水盐分布数值模拟[J]. 农业机械学报, 2015, 46(2): 137-145.

[91] Ladenburger C G, Hild A L, Kazmer D J, et al. Soil salinity patterns in Tamarix invasions in the Bighorn Basin, Wyoming, USA [J]. Journal of Arid Environments, 2006, 65(1): 111-128.

[92] 弋鹏飞, 虎胆·吐马尔白, 吴争光, 等. 棉田膜下滴灌土壤盐分变化规律研究[J]. 新疆农业大学学报, 2010, 33(1): 72-77.

[93] 王振华, 吕德生, 温新明, 等. 新疆棉田地下滴灌土壤水盐运移规律的初步研究[J]. 灌溉排水学报, 2009, 24(5): 22-24, 28.

[94] 牟洪臣, 虎胆·吐马尔白, 苏里坦, 等. 不同耕种年限下土壤盐分变化规律试验研究[J]. 节水灌溉, 2011(8): 29-31, 35.

[95] 牟洪臣, 虎胆·吐马尔白, 苏里坦, 等. 干旱地区棉田膜下滴灌盐分运移规律[J]. 农业工程学报, 2011, 27(7): 18-22.

[96] 谷海斌, 盛建东, 武红旗, 等. 灌区尺度土壤盐渍化调查与评价——以石河子灌区和玛纳斯灌区为例[J]. 新疆农业大学学报, 2010, 33(2): 95-100.

[97] 杨鹏年, 董欣光, 魏光辉, 等. 干旱区膜下滴灌下土壤积盐特征研究[J]. 土壤通报, 2011, 42(2): 360-363.

[98] 张伟, 吕新, 李鲁华, 等. 新疆棉田膜下滴灌盐分运移规律[J]. 农业工程学报, 2008, 24(8): 15-19.

[99] 张建锋, 张旭东, 周金星, 等. 世界盐碱地资源及其改良利用的基本措施[J]. 水土保持研究, 2005, 12(6): 28-30.

[100] Qadir M, Ghafoor A, Murtaza G. Amelioration strategies for saline soils: a review[J]. Land Degradation Development, 2001, 12(4): 357-386.

[101] 王佳丽, 黄贤金, 钟太洋, 等. 盐碱地可持续利用研究综述[J]. 地理学报, 2011, 66(5): 673-684.

[102] 王洪义, 王智慧, 杨凤军, 等. 浅密式暗管排盐技术改良苏打盐碱地效应研究[J]. 水土保持研究, 2013, 20(3): 269-272.

[103] 苟宇波, 宋沙沙, 何欣燕, 等. 暗沟对宁夏盐碱地土壤盐分和垂柳生长的影响[J]. 应用环境生物学报, 2017, 23(3): 548-554.

[104] 李从娟, 李彦, 马健. 古尔班通古特沙漠土壤化学性质空间异质性的尺度特征[J]. 土壤学报, 2011, 48(2): 302-310.

[105] 周和平, 王少丽, 吴旭春. 膜下滴灌微区环境对土壤水盐运移的影响[J]. 水科学进展, 2014, 25(6): 816-824.

[106] 李毅, 王文焰, 王全九. 论膜下滴灌技术在干旱–半干旱地区节水抑盐灌溉中的应用[J]. 灌溉排水, 2001, 20(2): 42-46.

[107] 汪林, 甘泓, 于福亮, 等. 西北地区盐渍土及其开发利用中存在问题的对策[J]. 水利学报, 2001, 21(6): 90-95.

[108] 李国振. 塔里木河流域绿洲边缘土壤蒸发与积盐的初步分析[J]. 干旱区地理, 1998, 21(1): 29-33.

[109] 马富裕, 严以绥. 棉花膜下滴灌技术理论与实践[M]. 乌鲁木齐: 新疆大学出版社, 2002.

[110] 刘晓英, 杨振刚, 王天俊. 滴灌条件下土壤水分运移规律的研究[J]. 水利学报, 1990, 10(1): 11-22.

[111] 罗家雄. 新疆垦区盐碱地改良[M]. 北京: 水利电力出版社, 1985.

[112] Nakano Y, Horiguchi K. Role of heat and water transport in frost heaving of fine-grained porous media under negligible overburden pressure[J]. Advanced in Water Resources, 1984, 7(2): 93-102.

[113] 吕殿青, 王全九, 王文焰, 等. 土壤盐分分布特征评价[J]. 土壤学报, 2002, 39(5): 720-725.

[114] 马俊海, 石荣媛, 李天峰. 膜下滴灌改造盐碱化荒地田间试验研究[J]. 农业环境与发展, 2004, 4(3): 35-36.

[115] 吕殿青, 王全九, 王文焰, 等. 膜下滴灌土壤盐分特性及影响因素的初步研究[J]. 灌溉排水, 2001, 20(1): 28-31.

[116] Bar Y B. Advances in fertigation[J]. Advances in Agronomy, 1999, 6(5): 1-7.

[117] 赵永成. 北疆膜下滴灌棉田土壤水—盐—热时空分布特征研究[D]. 乌鲁木齐: 新疆农业大学, 2015.

[118] 李敏, 李毅, 曹伟, 等. 不同尺度网格膜下滴灌土壤水盐的空间变异性分析[J]. 水利学报, 2009, 40(10): 1210-1218.

[119] 姚荣江, 杨劲松, 刘广明. 土壤盐分和含水率的空间变异性及其 CoKriging 估值——以黄河三角洲地区典型地块为例[J]. 水土保持学报, 2006, 20(5): 133-138.

[120] 李禄军, 蒋志荣, 车克钧, 等. 绿洲–荒漠交错带不同沙丘土壤水分时空动态变化规律[J]. 水土保持学报, 2007, 21(1): 123-127.

[121] 李宝富, 熊黑钢, 张建兵, 等. 不同耕种时间下土壤剖面盐分动态变化规律及其影响因素研究[J]. 土壤学报, 2010, 47(3): 429-438.

[122] 李宝富, 熊黑钢, 龙桃, 等. 新疆奇台绿洲农田灌溉前后土壤水盐时空变异性研究

[J]. 中国沙漠, 2012, 32(5): 1369-1378.

[123] 杨劲松, 姚荣江. 黄河三角洲地区土壤水盐空间变异特征研究[J]. 地理科学, 2007, 27(3): 348-353.

[124] 刘春卿, 杨劲松, 陈小冰, 等. 新疆玛纳斯河流域灌溉水质与土壤盐渍状况分析[J]. 土壤, 2008, 40(2): 288-292.

[125] 许志坤. 新疆盐碱土的改良[M]. 乌鲁木齐: 新疆人民出版社, 1980.

[126] 盛建东, 杨玉玲, 陈冰, 等. 土壤总盐、pH 及总碱度空间变异特征研究[J]. 土壤, 2005, 37(1): 69-73.

[127] 张殿发, 王世杰. 土地盐碱化过程中的冻融作用机制——以吉林省西部平原为例[J]. 水土保持通报, 2000, 20(6): 14-17.

[128] 郑冬梅, 许林书, 罗金明, 等. 松嫩平原盐沼湿地冻融期水盐动态研究——吉林省长岭县十三泡地区湖滩地为例[J]. 湿地科学, 2005, 3(1): 48-53.

[129] 靳志锋, 虎胆·吐马尔白, 牟洪臣, 等. 土壤冻融温度影响下棉田水盐运移规律[J]. 干旱区研究, 2013, 30(4): 623-627.

[130] 李伟强, 雷玉平, 张秀梅, 等. 硬壳覆盖条件下土壤冻融期水盐运动规律研究[J]. 冰川冻土, 2001, 23(3): 251-257.

[131] 方汝林. 土壤冻结消融期水盐动态的初步研究[J]. 土壤学报, 1982, 19(2): 164-172.

[132] Zeng wenzhi, Xu Chi, Wu jingwei, et al. Soil salt leaching under different irrigation regimes: HYDRUS-1D modelling and analysis[J]. Journal of Arid Land, 2014, 6(1): 44-58.

[133] 郑秀峰, 陈军锋, 刑述彦, 等. 不同地表覆盖下冻融土壤入渗能力及入渗参数[J]. 农业工程学报, 2009, 25(11): 23-28.

[134] 张伟, 吕新, 李鲁华, 等. 新疆棉田膜下滴灌盐分运移规律[J]. 农业工程学报, 2008, 24(8): 15-19.

[135] 赵永成, 虎胆·吐马尔白, 马合木江·艾合买提, 等. 北疆常年膜下滴灌棉田土壤盐分年内及年际变化特征研究[J]. 干旱地区农业研究, 2015, 33(5): 130-134, 162.

[136] 杨鹏年, 董新光, 刘磊, 等. 干旱区大田膜下滴灌土壤盐分运移与调控[J]. 农业工程学报, 2011, 27(12): 90-95.

[137] 刘洪亮, 褚贵新, 赵风梅, 等. 北疆棉区长期膜下滴灌棉田土壤盐分时空变化与次生盐渍化趋势分析[J]. 中国土壤与肥料, 2010(4): 12-17.

[138] Ibrakhimov M, Martius C, Lamers J P A, et al. The dynamics of groundwater table and salinity over 17 years in Khorezm[J]. Agricultural Water Management, 2011, 101(1): 52-61.

[139] Wan Shuqin, Kang Yaohu, Wang Dan, et al. Effect of drip irrigation with saline water on tomato(Lycopersicon esculentum Mill) yield and water use in semi-humid area[J].

Agricultural Water Management, 2007, 90(1): 63-74.

[140] Wan Shuqin, Jiao Yanping, Kang Yaohu, et al. Drip irrigation of waxy corn (Zea mays L. Var. ceratina Kulesh) for production in highly saline conditions[J]. Agricultural Water Management,2012,107(10):145-151.

[141] 梁建财, 史海滨, 李瑞平, 等. 覆盖对盐渍土壤冻融特性与秋浇灌水质量的影响[J]. 农业机械学报, 2015, 46(4): 98-105.

[142] 李瑞平, 史海滨, 赤江刚夫,等. 基于 SHAW 模型的内蒙古河套灌区秋浇节水灌溉制度[J].农业工程学报, 2010, 26(2): 31-36.

[143] 虎胆·吐马尔白, 朱冬桥, 马合木江·艾合买提, 等. 基于 HYDRUS-3D 模型的新疆生产建设兵团石河子 121 团秋浇定额研究[J]. 新疆农业大学学报, 2015, 38(5): 420-425.

[144] 陈亚新, 史海滨, 田存旺. 地下水与土壤盐渍化关系的动态模拟[J]. 水利学报, 1997, 28(5): 77-83.

[145] 彭振阳, 黄介生, 伍靖伟, 等. 秋浇条件下季节性冻融土壤盐分运动规律[J]. 农业工程学报, 2012, 28(6): 77-81.

[146] 李夏, 乔木, 周生斌. 1985—2014 年新疆玛纳斯灌区土壤盐渍化时空变化及成因[J]. 水土保持通报, 2016, 36(3): 152-158,370.

[147] Peck A J, Hatton T. Salinity and the discharge of salts from catchments in Australia[J]. Journal of Hydrology, 2003, 272(4): 191-202 .

[148] 刘玉国, 杨海昌, 王开勇, 等. 新疆浅层暗管排水降低土壤盐分提高棉花产量[J]. 农业工程学报, 2014, 30(16): 84-90.

[149] Diodato D M. Review:Hydous-2D[J]. Ground Water,2000,38:10-11.

[150] Castanheira P J N,Serralheiro R P. Impact of mole drains on salinity of a vertisoil under irrigation[J]. Biosystems Engineering. 2010,105(1):25-33.

[151] 李显溦,石建初,王数,等.新疆地下滴灌棉田一次性滴灌带埋深数值模拟与分析[J].农业机械学报,2017,48(9): 191-198,222.

[152] ŠIMUNEK J, van GENUCHTEN MT, ŠEJNA M. Recent developments and applications of the HYDRUS computer software packages[J]. Vadose Zone Journal, 2016, 15(7): 25-33.